Integrated Pest Management

통합해충관리

엮은이 하효선

기 획	하효선 대표	
참 여	가온아이피엠 도귀영	
	가온아이피엠 서영남	
	홈케어마스터 주호철	
	에코라이프 나창윤	
자 문	을지대학교 양영철 교수	
	싱크피플 오준석 연구원	
	이노페스트 김상윤 대표	
제작 지원	홈케어마스터 정은화 대표	
	희망드림센터 지옥분 대표	

IPM Integrated Pest Management
통합해충관리

"환경을 살리고, 건강을 지키는 똑똑한 선택!"

엮은이 **하효선**

"왜? IPM"

"침묵하지 않는 봄"

"독일바퀴의 위험성"

생각나눔

들어가기에 앞서

통합해충관리(IPM)는 미국 레이첼 카슨 박사의 "침묵의 봄(1962)"이 출간되면서 많은 대중은 물론, 과학계와 정부에 큰 영향을 미치며 시작되어 현재에 이르기까지 발전해 가는 과정이다.

'죽음의 만병통치약' 살충제에 대한 위험성과 경고에 제일 많은 양을 사용하고 있는 작물에 해를 끼치는 농업에서 시작하여 1980년대부터는 도시 해충으로 확장되었다.
또한 급변하고 있는 기후 환경 및 경제적, 사회적 변화에 의해 IPM의 정의에 대한 많은 과학자와 전문가들의 논쟁이 이어지고 있다.

"이 교재의 IPM은 농업과 도시의 통합적 개념을 적용하여 설명한다. 어떠한 논쟁에 앞서, 이 교재는 우리 모두가 추구하고자 하는 지속 가능한 환경과 건강, 그리고 미래를 위해 더 나은 방법을 모색하고자 하는 시도다."

이 책의 IPM 개념, 전술, 전략 및 연구사례는 1966년부터 미네소타 주립대 세인트폴 캠퍼스 곤충학과에서 IPM을 가르친 에드워드 B. 래드클리프(Edward B. Radcliffe), 윌리엄 D. 허치슨(William D. Hutchison) 교수의 Integrated Pest Management Concepts, Tactics, Strategies and Case Studies(2010) EPA의 공식 IPM교과서의 핵심적 부분을 기록하고, WHO의《도시 해충의 공중 보건 중요성(Public Health Significance of Urban ests, 2008)》에 구성된 연구와 사례를 첨부하여 편집하였다.

2024년 9월, 미네소타 주립대 세인트폴 캠퍼스 곤충학과는 앞으로 한국에 IPM을 도입하고 알리는 일에 지원을 약속했다.

차 례 Content

Ⅰ. 왜 IPM인가?   9
    1. IPM의 시대   11
    2. IPM의 도입과 목적   18
    3. IPM의 활용   28

Ⅱ. IPM 실제   45
    1. IPM의 실제   47
    2. IPM의 정의   62

Ⅲ. 도시 해충 IPM   67
    1. 해충의 이해와 종류   69
    2. 도시 해충의 분류와 중요성   73

Ⅳ. IPM 통합해충 관리   77
    1. 독일바퀴의 IPM   79
    2. 쥐(공생설치류)의 IPM   99

Ⅴ. 실무자 관리   121
    1. 소독업 관련 법규   123
    2. 약품 사용·관리   127
    3. 장비 사용·관리   133

Ⅵ. 물질안전보건자료(MSDS) 이해와 예시   139
    1. MSDS의 이해   141
    2. MSDS의 예시   147

I

왜 IPM인가?

1. IPM의 시대
2. IPM의 도입과 목적
3. IPM의 활용

1. IPM의 시대

IPM, 지속 가능한 방역의 전환점- 시대의 요구에 답하다

지구는 급변하고 있다. 기후변화, 신종 바이러스, 북극 해빙 감소는 인류의 생존을 위협하는 현실이 되었고, 이러한 위기는 단순히 일시적인 재난이 아니라 반복 가능한 경고로 받아들여지고 있다. 팬데믹이 남긴 교훈은 분명하다. 우리 사회는 더 이상 과거의 방식으로 문제를 해결할 수 없다. 환경과 공공 건강을 동시에 보호할 수 있는 새로운 전략이 필요하다.

특히, 주거환경은 인간의 건강과 안전을 지키는 최전선이다. 하지만 현행 방역 시스템은 여전히 해충과 유해 생물 제거에만 초점을 맞추고 있다. 이는 짧은 시간 내 성과를 내는 데 유리하지만, 장기적이고 지속 가능한 해결책과는 거리가 멀다. 이러한 한계를 극복하고 환경과 인간의 공존을 도모하는 새로운 패러다임으로 IPM(Integrated Pest Management, 통합해충관리)이 주목받고 있다.

한국의 방역과 IPM의 차이- 관리 중심 접근의 필요성

한국의 기존 방역 시스템은 '즉각적 제거'에 초점을 맞추고 있다. 화학 살충제를 활용한 단기 성과에 집중하면서, 재발 문제와 환경 오염, 인체 유해성에 대한 고려는 부족한 실정이다. 그러나 IPM은 해충과 유해 생물 관리에서 근본적 원인을 해결하는 데 중점을 둔다.

1. 관리의 개념(M)

한국의 방역은 주로 단기 소독 및 살충에 집중하지만, IPM은 '관리(Management)'의 개념을 도입해 환경과 원인을 통합적으로 분석하고 지속적인 관리를 통해 문제를 해결한다.

2. 해충 및 유해 생물의 범위

한국에서는 곤충 중심의 방역이 이루어지지만, IPM은 해충뿐만 아니라 병원성 세균, 바이러스, 설치류, 조류 등 인간의 건강에 해를 끼칠 수 있는 다양한 유기체를 방제 대상으로 포함한다.

3. 해충의 분류 및 대응 전략

한국의 방역은 위생해충과 불쾌해충으로 단순하게 분류하는 반면, IPM은 경제적 피해, 환경적 영향, 사회적 불편 등 다양한 기준을 적용해 4단계(경미한 해충, 일시적 해충, 주기적 해충, 심각한 해충)로 분류한다.

1. IPM의 시대

유익한 곤충까지 해충으로 오인해 살충제를 남용할 경우,
환경과 경제에 미치는 영향을 신중히 고려해야 한다.

시대의 요구- 지속 가능성과 환경보호

ESG(환경·사회·지배구조) 경영과 SDGs(지속가능발전목표)의 달성 요구는 이제 방역업계에도 큰 과제가 되었다. 기존의 방역 방식은 화학 물질에 의존하여 환경 오염과 인체 유해성 문제를 야기할 가능성이 크다. 반면, IPM은 물리적 차단, 생물학적 통제, 환경 개선 등 친환경 방법을 활용하여 지속 가능한 방역 체계를 구축한다.

IPM의 도입은 단순한 기술 전환이 아니라 환경보호와 공공 건강을 동시에 고려한 사회적 전환이다. 이는 방역업계뿐만 아니라 시민 사회 전반의 인식 변화와 협력을 요구한다. 이미 많은 시민들이 환경보호 캠페인에 참여하고 있으며, 방역업계 역시 이러한 흐름에 동참하여 책임 있는 방역 실천을 강화해야 한다.

시민과 방역업계의 협력- 변화를 이끄는 힘

IPM의 도입과 확산은 방역업계의 변화만으로 이루어질 수 없다. 시민들의 인식 전환과 적극적인 참여가 핵심 동력이 되어야 한다. 방역 전문가들은 곰팡이, 해충 등의 문제 해결을 넘어서 환경 분석과 개선을 위한 조언자로서의 역할을 확대해야 한다.

학교와 지역 사회 차원에서 IPM 교육 프로그램을 확산하고 체험형 학습을 제공함으로써 시민들이 IPM의 원리를 이해하고 실천할 수 있도록 지원해야 한다. 또한 방역업계는 IPM을 통해 사회적 책임을 강화하고, 환경보호와 지속 가능성이라는 가치에 부합하는 새로운 브랜드 이미지를 구축해야한다.

지속 가능한 방역의 미래- 함께 만들어가는 변화

지금 우리는 기후변화와 감염병 확산이라는 복합적 위기 속에서 지속 가능한 방역 전략을 요구받고 있다. IPM은 해충과 유해 생물을 통제하는 기술을 넘어, 환경과 인간의 조화를 이루는 혁신적 접근법이다.

방역업계와 시민, 정부, 학계가 함께 IPM의 필요성을 인식하고 실천적 행동을 강화할 때, 우리는 더 건강하고 안전한 주거환경을 만들어 갈 수 있다. IPM은 방역의 새로운 기준을 제시하며, 미래 세대를 위한 환경보호 전략의 핵심 도구가 될 것이다.

이제는 방역을 바라보는 시각을 바꿀 때다. IPM은 더 나은 환경과 건강한 미래를 위한 시작점이며, 이를 실현하기 위한 우리의 참여와 실천이 그 어느 때보다 절실하다. 방역업계와 시민 사회가 함께 변화의 흐름을 주도하며 지속 가능한 방역의 길을 열어가야 한다.

1. IPM의 시대

살충제, 고엽제 그리고 대를 잇는 고통- 우리는 무엇을 기억해야 하는가

베트남 전쟁 당시, 미국은 밀림 지역의 은신처를 제거하기 위해 고엽제(Agent Orange)라는 강력한 제초제를 대량 살포했다. 고엽제는 식물을 빠르게 고사시키는 성분을 포함하고 있었지만, 그 속에 있던 다이옥신(Dioxin)이라는 세계 최악의 독성물질 중 하나가 문제였다. 다이옥신은 체내에 축적되어 암, 신경계 질환, 피부병, 생식기 이상, 선천성 기형 등을 유발하며, 그 영향은 지금까지도 이어지고 있다.

대한민국 역시 베트남전에 참전한 수많은 군인들이 고엽제에 노출되어 건강을 잃었고, 그 후손들까지도 다양한 선천성 질환으로 고통받고 있다. 정부는 2024년 1월, 고엽제 후유증으로 '방광암, 다발성경화증, 갑상샘기능저하증, 비정형 파킨슨증'을 추가로 인정하여, 총 24개 질병을 고엽제 후유증으로 관리하고 있다. 이로 인해 약 2,800명의 피해자가 추가로 국가유공자로 인정될 전망이다. 또한, 후유의증으로 분류된 17개 질병(고혈압, 간질환, 뇌경색, 만성 피부병 등)과 고엽제 노출 2세에게서 나타나는 척추이분증, 하지 마비, 말초신경병 등도 지속적인 고통을 유발하며, 생계를 유지하기조차 어려운 상황에 놓인 이들이 많다.

우리는 이 고통을 '직접' 목격했다

사진 속 아이들은 고엽제 피해자의 4세대에 해당하는 아이들로, 선천적 장애와 고통을 안고 살아가고 있다. 아이들이 특수 보조 기구에 의지해 식사하고, 어른들의 도움 없이는 일상생활조차 불가능한 현실은, 고엽제의 공포가 '과거의 사건'이 아닌, 지금도 진행 중인 비극임을 상기시킨다.

오늘날 우리가 일상 속에서 사용하는 수많은 살충제와 제초제는 결코 '무해한 도구'가 아니다. 다이옥신은 고엽제를 통해 퍼졌지만, 오늘날의 농약·살충제 또한 작은 농도로도 생태계와 인체에 치명적인 영향을 줄 수 있는 물질들을 포함하고 있다.

보이지 않는 독이 세월을 건너 미래의 아이들에게 닿을 수 있다는 사실을 우리는 이미 고엽제를 통해 배웠다. 지금의 무관심이 내일의 비극이 되지 않도록, 오늘 우리는 기억하고 행동해야 한다.

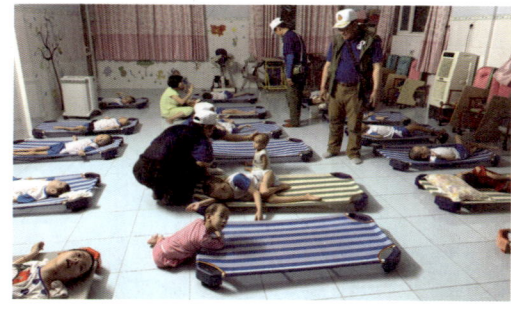
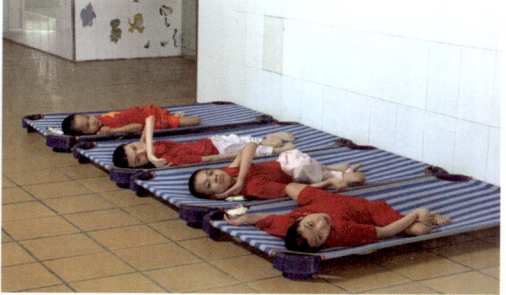

전세계 면적당 살충제 사용량 순위

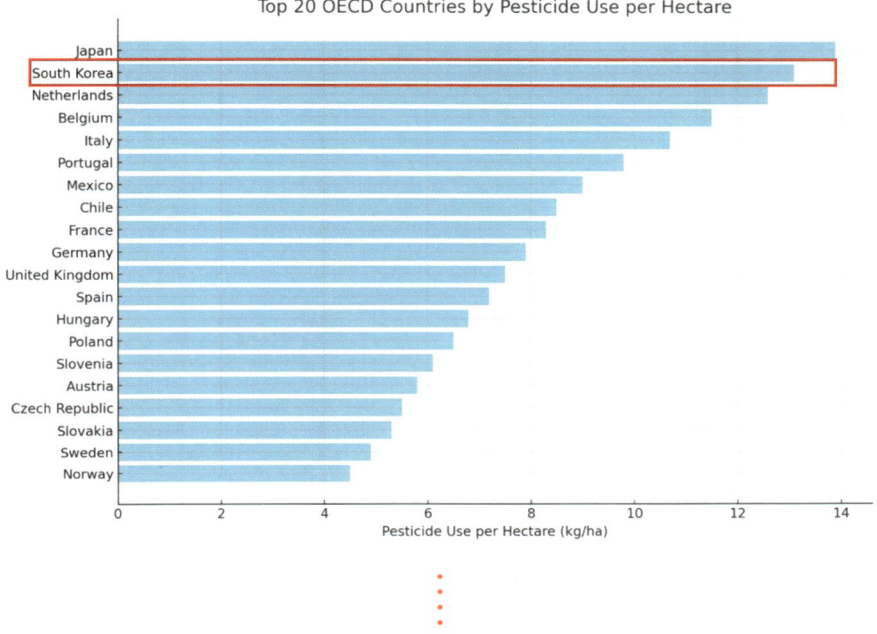

일본 1위

한국 2위

출처: 국제식량농업기구(FAO)_https://ourworldindata.org/grapher/pesticide-use-per-hectare-of-cropland

1. IPM의 시대

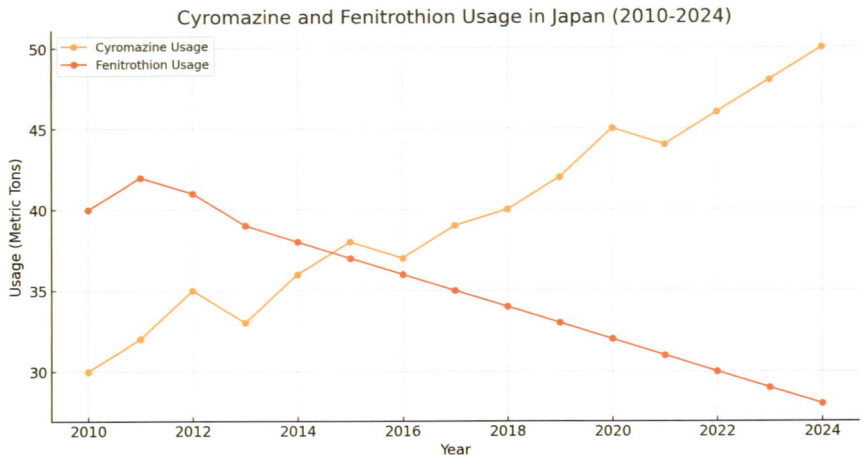

▶ 싸이로마진(Cyromazine)

곤충의 성장 억제제로 가축의 해충 방제와 농업에서 사용됨.

- **작용 기전:** 곤충의 탈피 및 성장을 방해하여 성충이 되는 것을 막음.
- **환경 영향:** 환경에 비교적 안전하나, 장기간 사용 시 물에 사는 삶에 영향을 미칠 수 있음.

  * 전반적으로 증가 추세를 보이며, 환경 친화적이고 지속 가능한 농업 실천을 위해 싸이로마진(Cyromazine)과 같은 성분의 수요가 증가하고 있음

▶ 페니트로치온(Fenitrothion)

유기인계 살충제로, 농업 해충과 말라리아를 매개하는 모기 방제에 사용됨.

- **작용 기전:** 곤충의 신경계를 교란하여 마비 및 죽음을 유발함.
- **환경 영향:** 높은 독성으로 환경과 생물에 영향을 줄 수 있어 사용이 규제됨.

  * 환경에 미치는 영향을 줄이기 위해 사용량을 엄격하게 규제하는 국가들이 많아짐.

출처: Mordor Intelligence_일본 살충제 시장 규모 및 점유율 분석- 성장 추세 및 예측(2024-2029)
https://www.mordorintelligence.com/industry-reports/japan-crop-protection-pesticides-market

한국에 가장 많이 사용하는 살충제 3종

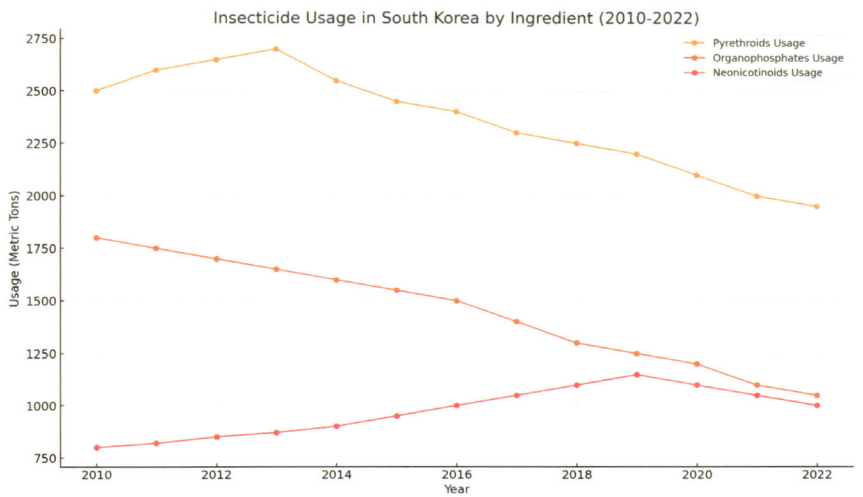

▶ 피레스로이드 계열(Pyrethroids)

천연 살충제 피레스린을 재현해 만든 합성 화학물질. 빠른 효과와 낮은 독성으로 가정용, 농업용 살충제에 사용.

- **작용 기전:** 곤충의 신경계를 과도하게 흥분시켜 마비와 죽음을 유도.
- **환경 영향:** 토양 생태계에 악영향을 줄 수 있음.

▶ 유기 인계 살충제(Organophosphates)

유기 인산 화합물로 광범위한 해충 방제에 사용, 독성이 높아 사용이 줄어듦.

- **작용 기전:** 곤충의 탈피 및 성장을 방해하여 성충이 되는 것을 막음.

▶ 네오니코티노이드 계열(Neonicotinoids)

곤충의 니코틴 수용체에 작용해 해충 방제, 농업에 널리 사용되지만 꿀벌 등 유익한 곤충에 미치는 영향 때문에 규제 강화.

- **작용 기전:** 신경 신호를 차단해 곤충을 마비시켜 죽음에 이르게 함.

출처: 고려대학교_한국의 농약 사용 및 우선순위
https://pure.korea.ac.kr/en/publications/agricultural-pesticide-usage-and-prioritization-in-south-korea

2. IPM 도입의 목적

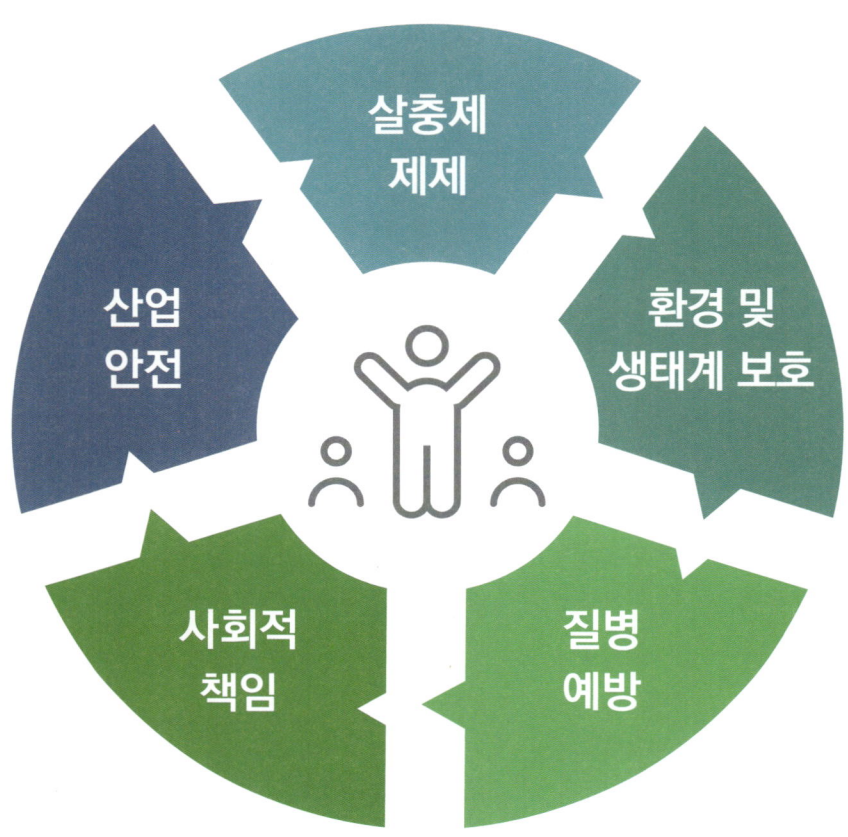

하나, 살충제 노출을 줄이고 해충을 없애기 위한 안전한 환경 조성 기회 제공.

둘, 살충제 사용 감소로 지속 가능한 환경과 생태계 보호.

셋, 안전한 환경 유지를 통해 환경적, 사회적 책임 강화. 해충 관리자, 건물 관리자, 대중과의 소통 강화.

넷, 해충에 대한 새로운 개념과 관리 방식을 도입해 장기적인 효과 달성.

과학과 신념으로 지구를 지킨 환경운동의 선구자, 레이첼 카슨

레이첼 카슨(1907.5.27~)

해양 생물학자이자 과학 분야 작가
Pennsylvania College for Women(펜실베니아 여자 대학교)
Johns Hopkins University(존스 홉킨스 대학교)
U.S. Fish and Wildlife Service
(미국 어류 및 야생동물 관리국) 작가 겸 편집자
(전, U.S. Bureau of Fisheries)

레이첼 카슨은 환경보호의 선구자로서, 과학적 신념과 자연에 대한 깊은 애정을 바탕으로 자신의 생을 바쳐 인류와 지구를 지키는 길을 열어간 위대한 인물이다. 남성 중심의 과학계에서 여성 과학자로서의 한계를 뛰어넘어 전문성을 인정받기까지 수많은 도전과 편견에 맞서 싸우면서도 끝내 자신의 목소리를 세상에 울려 퍼지게 했고, 그녀가 남긴 발자취는 현대 환경운동의 기틀이자 영원한 희망의 상징으로 남아 있다.

특히 살충제 DDT의 위험성을 경고하며 자연과 인간의 조화로운 공존을 외친 카슨의 목소리는 암 투병이라는 극한의 상황 속에서도 꺼지지 않는 불꽃처럼 타올랐고, 1962년에 출간된 "침묵의 봄(Silent Spring)"을 통해 환경오염의 실상을 철저하게 고발하며 과학적 분석과 문학적 감수성을 결합한 강력한 메시지로 사람들의 마음을 흔들었다. 이 책은 인간의 편의를 위해 무분별하게 사용된 화학 물질이 자연과 생명체에 미치는 치명적 영향과 그로 인한 생태계 붕괴의 위험성을 낱낱이 드러내면서, 침묵 속에서 서서히 사라져가는 생명의 목소리를 지키기 위해 행동해야 한다는 절박한 외침을 세상에 던졌다.

카슨의 경고는 사회적으로 거대한 파장을 일으키며 전 세계에 환경보호의 중요성을 환기시켰고, 마침내 1972년 미국 정부는 DDT 사용을 전면 금지하는 결정을 내리며 그녀의 용기 있는 외침에 응답했다. 이러한 변화는 단순히 한 권의 책이 이루어낸 성과가 아니라, 자신의 생명을 바쳐 진실을 전하고, 자연과 생명의 가치를 지키기 위해 싸운 한 여성의 굳건한 신념과 헌신이 만든 기적이었다. 그녀의 노력은 환경보호청(EPA)의 설립과 환경법 제정으로 이어졌으며, 현대 환경운동의 출발점이자 지속 가능한 미래로 나아가는 첫걸음이 되었다.

2. IPM 도입의 목적

과학적 사실에 대한 깊은 통찰과 아름다운 언어로 생명의 소중함을 노래한 그녀는 자연과 인간이 함께 살아가는 세상을 꿈꾸며, 암이라는 고통 속에서도 마지막까지 펜을 놓지 않고 깨끗한 지구를 후대에 물려주기 위한 희망을 품었다. 남성 중심의 과학계에서 끝없이 자신의 전문성을 증명하며 여성 과학자들에게 용기와 가능성을 심어준 카슨의 삶은 과학을 넘어 인류의 미래를 향한 사랑과 희생의 상징으로 자리 잡았고, 그녀의 메시지는 시대를 넘어 오늘날까지도 환경 보호와 지속 가능한 발전을 위한 영감을 불어넣고 있다.

레이첼 카슨은 자연을 위한 투사이자 과학을 통한 진실의 수호자로, 자신의 생명을 다해 인류와 지구를 보호하고자 했던 헌신의 발자취를 남긴 위대한 존재로 남았으며, 그녀가 뿌린 희망의 씨앗은 지금 이 순간에도 새로운 생명과 변화의 가능성으로 자라나고 있다.

레이첼 카슨의 "침묵의 봄(Silent Spring)"

레이첼 카슨의 연구의 내용

1. 태반 통과 연구

레이첼 카슨은 DDT와 같은 살충제 성분이 임산부의 혈액을 통해 태반을 통과하여 태아에게 전달된다는 사실을 구체적으로 지적한다. 1960년대 연구에서는 임신 중인 여성의 혈류에 포함된 DDT가 태반 장벽을 쉽게 통과하며 태아의 혈액과 조직에서 직접 검출되었다. 이는 자궁 내 태아가 발달 과정에서 화학물질에 무방비로 노출된다는 사실을 명확히 보여주며, 태아의 세포 분열과 기관 형성에 심각한 영향을 미칠 수 있다는 점을 강조한다. 이러한 발견은 인간 생명의 가장 초기 단계에서부터 환경오염 물질이 위험을 초래할 수 있음을 과학적으로 입증한 사례로, 이후 화학물질 규제 강화의 근거가 되었다.

2. 모유 오염 연구

1951년에 수행된 연구에서는 미국 여성들의 모유에서 DDT의 농도가 평균적으로 1ppm(parts per million)을 초과하는 수준으로 검출된다. 이는 생물 농축(biomagnification) 과정을 통해 환경에 존재하는 DDT가 먹이사슬을 따라 인간의 체내에 축적된 결과이다. 특히 이 연구는 모유를 통해 신생아가 DDT에 노출될 수 있다는 사실을 밝혀내며 사회적 충격을 안겨준다. 모유는 신생아의 면역력을 강화하고 건강한 성장을 돕는 중요한 영양원이지만, 오염된 환경에서는 생명을 지켜야 할 모유조차 오염의 경로가 될 수 있음을 보여준다. 이는 환경오염이 단순히 현재 세대의 문제가 아니라, 미래 세대에게까지 치명적인 영향을 미칠 수 있음을 상징적으로 드러낸 사례로, 환경보호의 중요성을 강조하는 결정적 근거가 되었다.

3. 피해 사례

카슨은 살충제 DDT의 위험성을 동물 실험과 인체 사례를 통해 구체적으로 입증한다. 생쥐를 대상으로 한 실험에서는 고농도의 DDT에 반복적으로 노출된 경우 암 발생률이 현저히 증가하는 것으로 확인된다. 특히 실험 결과는 생쥐의 간과 신장에서 종양이 형성되는 비율이 높아졌음을 보여주며, 이는 장기적인 노출이 발암성을 유발할 수 있음을 경고한다.

또한 1960년대 초반에 수행된 인체 연구에서는 DDT에 노출된 사람들의 지방 조직에서 상당한 농도의 DDT가 검출된다. 지방 조직은 화학 물질이 장기간 축적되는 주요 부위로, 이러한 발견은 살충제가 체내에 축적되면서 장기적인 건강 위험을 초래할 수 있음을 시사한다. 특히 농약을 직접 사용하거나 살충제 처리 지역에 거주한 사람들은 그 농도가 더욱 높게 나타나며, 지속적인 노출이 신경계 손상, 면역 기능 저하, 생식 능력 저하 등 다양한 문제를 유발할 가능성을 시사한다.

2. IPM 도입의 목적

레이첼 카슨의 연구 그 이후

레이첼 카슨의 연구 이후: 환경보호 정책과 통합해충관리(IPM)의 발전

1962년 레이첼 카슨의 "침묵의 봄(Silent Spring)" 출간은 환경보호의 필요성을 사회에 각인시켰고, 살충제 사용과 화학물질 관리에 대한 정책적 논의를 촉발하였다. 이 책은 무분별한 화학 살충제 사용이 생태계와 인간 건강에 미치는 영향을 과학적으로 분석하며 환경보호 운동의 기폭제 역할을 했다.

1970년대: 환경보호청(EPA) 설립과 법적 규제 도입

1970년, 미국 정부는 환경 문제에 대한 국가적 대응을 강화하기 위해 환경보호청(EPA)을 신설하였다. 이 기관은 환경 규제를 담당하며 살충제와 유해 화학물질의 사용을 관리하기 시작했다.
1972년, EPA는 살충제 DDT의 사용을 전면 금지하였다. 이는 카슨의 연구와 주장이 법적, 정책적 변화를 이끌어낸 대표적 사례로 평가받는다. 같은 해, 닉슨 대통령은 환경보호 정책의 일환으로 통합해충관리(IPM, Integrated Pest Management) 프로그램을 정부 정책에 도입하였다.
FIFRA(연방 살충제, 살균제 및 살서제법)는 농약 사용과 관리 규정을 개정하고, 그 책임을 농무부(USDA)에서 환경보호청(EPA)으로 이전하였다. 이 법은 농약 등록, 사용 규제, 라벨링, 안전성 평가를 강화하며 환경 및 인간 건강에 대한 위험을 줄이기 위한 정책적 기반을 마련하였다.

1980년대: IPM 개념의 확산과 구체화

1980년대에 접어들면서 통합해충관리(IPM)는 과학적 연구와 정책에 기반한 체계적 해충 관리 방법으로 자리 잡기 시작했다. 이 접근법은 화학 살충제에 의존하는 전통적인 해충 관리 방식에서 벗어나 생물학적 제어, 물리적 방법, 재배 기술 등을 통합적으로 활용하여 해충 피해를 줄이는 전략을 채택했다.
1985년, IPM은 농업분만 아니라 주거지, 공공시설, 자연 보호 구역에까지 확대 적용되었으며, 다양한 해충 관리 도구의 효과와 안전성을 연구하는 프로그램이 본격적으로 추진되었다.

1990년대: 지속 가능한 농업과 IPM의 정착

1993년, 미국 농무부(USDA)는 IPM 확산을 위한 국가 IPM 프로그램을 도입하였고, 이를 통해 농업 생산성을 유지하면서 환경과 인간 건강에 미치는 위험을 최소화하려는 노력이 강화되었다.

1996년, '식품 품질 보호법(Food Quality Protection Act)'이 통과되면서 농약의 안전 기준이 한층 강화되었다. 이 법은 어린이와 민감한 인구 집단의 안전을 보호하기 위해 농약 잔류 기준을 엄격하게 설정하였다. IPM 프로그램은 이러한 법적 변화에 따라 환경 친화적이고 실용적인 해충 관리 전략으로 주목받았다.

2000년대: IPM 로드맵과 환경보호의 확대

2003년, 'IPM 로드맵'이 발표되면서 통합해충관리 전략의 개념과 실행 방향이 구체화되었다. 이 로드맵은 해충 관리 과정에서 경제적, 환경적 손실 위험을 줄이기 위한 과학적 의사결정 체계를 강조하였다.

2004년, 로드맵의 개정판에서는 IPM을 '해충과 해충 관리 전략에 따른 위험을 식별하고, 줄이는 과학적 의사결정 과정'으로 정의하였다. 이 접근법은 해충 생물학, 환경 정보, 최신 기술을 통합하여 해충 피해를 예방하면서도 인명, 자원, 재산, 환경에 대한 위험을 최소화하는 방식에 중점을 두었다.

IPM은 주거지, 공공시설, 농업 및 야생 생태계에서 폭넓게 활용되는 전략으로 발전했으며, 화학적 살충제 사용을 줄이고, 친환경적인 방법을 적용하여 지속 가능한 해충 관리 체계를 확립하는 데 기여했다.

2010년대 이후: 지속 가능성과 글로벌 확산

2010년대 이후, IPM은 농업뿐 아니라 도시 해충 관리, 학교와 병원, 공공시설 관리까지 확대 적용되며 지속 가능한 관리 체계로 자리 잡았다.

2013년, 유엔 식량농업기구(FAO)는 IPM을 지속 가능한 농업의 필수 전략으로 공식 채택하고, 개발도상국을 포함한 글로벌 차원의 확산을 촉진하였다.

2015년, 유럽연합(EU)은 통합해충관리 지침(IPM Directives)을 도입하여 농약 사용을 줄이고, 환경과 인간 건강을 보호하기 위한 국제 협력을 강화하였다.

2020년대에는 기후변화와 생물다양성 감소에 대응하기 위해 IPM 전략을 강화하고, 생태계 기반 접근법(eco-friendly approach)을 확대하여 지속 가능한 농업과 환경보호를 실현하는 방향으로 정책이 발전하고 있다.

2. IPM 도입의 목적

IPM의 시작과 역사

1960
- 대량의 농약 투입에 의한 농산물에의 잔류, 사람에의 건강 위해를 막기 위하여 시작
- 발간된 "Silent Spring(사일런트 스프링)"이 계기

1970
- 미국 정부의 기초연구, 80년대 전반적인 적용 시험을 거쳐 농업에 실용성 확인, 법적 지원으로 행정 관계 시설로부터 IPM 시작.
- 닉슨 대통령이 최초로 정식 IPM 용어 사용

1980
- 1980년대 후반 도시의 해충 관리에도 파급 시작

1990
- 1993년, 전미7000의 연방정부 건물, 전미11만의 공립학교의 해충대책 채용 혹은 의무화
- 90년대 후반부터 방제업자용 책자와 대학 강좌·통신 교육용 텍스트도 IPM으로 대체 시작.
- 대학·기타기관의 홈페이지에서도 IPM 교육을 시작
- 페스트 컨트롤 업계 내에서는 필요성은 인정하였지만 실행에는 제한적.
- 1993년의 미연방 정부 건물·학교에서의 IPM 의무화가 직접적인 계기
- 유기(생물)·페스트컨트롤, Chemi-free(케미프리)를 판매하는 회사를 설립하여 IPM 추진 방제회사 등장.
- 뒤이어 식품업계에도 파급 시작.

2000
- 일본 IPM 선언_ 2001. 4. 25.

IPM의 원칙

우리는 집, 회사, 일상적인 환경에서도 과도하게 사용되거나 오용된 살충제에 불필요하게 노출될 수 있다.

인간과 환경 생태계에 살충제 노출을 줄이고 해충을 없애기 위해 보다 안전한 환경을 조성할 수 있는 기회를 제공한다. 질병을 유발하거나 재산에 피해를 입히는 수준에 따라 해충을 관리함으로 인해 불필요하게 남용되는 살충제에 의한 환경오염을 줄이고 건강을 증진한다.

"경계 해충의 종류와 이유"

바퀴와 설치류는 많은 병원성 미생물과 감염을 매개하여 천식 유발 물질과 알레르기 물질에 노출되어 호흡기 질환을 겪는다.

2. IPM 도입의 목적

IPM의 의의

첫째, 과학적 분석과 정보를 기반으로 한 의사결정 과정을 통해 해충 및 관리 전략의 위험을 체계적으로 식별하고 줄인다. 해충의 생태적 특성과 행동을 면밀히 분석하여 구체적인 관리 계획을 설계하고, 다양한 환경 정보와 최신 기술을 결합하여 신속하고 효율적인 방제를 가능하게 한다.

둘째, 경제적 효율성과 지속 가능성을 동시에 추구하는 방식으로 운영된다. 해충 피해가 용인할 수 없는 수준에 도달하지 않도록 사전에 예방책을 마련하고, 관리 과정에서는 자원과 재산 손실을 최소화하면서 가장 경제적인 방법을 선택한다. 이를 통해 생산성과 경제적 안정성을 유지함과 동시에 자연 자원의 보호와 활용의 균형을 맞춘다.

셋째, 다양한 환경과 상황에 적용할 수 있는 관리 전략을 제공한다. 주거지, 공공시설, 생산지 및 야생지와 같은 다양한 영역에서 활용되며, 지역별 특성과 해충 밀도에 맞춰 맞춤형 전략을 설계할 수 있다. 이러한 접근은 광범위한 문제 해결 능력을 바탕으로 환경의 특수성에 맞는 효과적인 관리 체계를 구축할 수 있게 한다.

넷째, 환경과 인체 건강에 대한 위험을 줄이는 저위험 접근법을 강조한다. 화학적 살충제 사용을 최소화하고 생물학적, 물리적 방법, 재배 기술 등을 통합하여 자원을 보호하면서도 해충을 효율적으로 관리한다. 이러한 방식은 자연과 인간의 안전을 고려한 균형 잡힌 관리 체계를 제공하여 장기적인 생태적 안정성을 확보하는 데 중점을 둔다.

다섯째, 사회적 협력과 수용성을 강화하는 다학제적 접근을 채택한다. 해충 관리 전략은 연구자, 기술자, 정책 결정자, 자원 관리자, 지역 공동체가 함께 참여하여 설계하고 실행한다. 다양한 분야의 전문가들이 공동으로 문제를 해결함으로써 기술 확산과 실행력이 높아지고, 지역 사회가 관리 전략에 적극적으로 참여할 수 있는 기반이 마련된다.

▶ **박멸(Eradication)**

: 해충이나 유해 생물을 완전히 제거하여 재발을 원천 차단하는 과정
  예) 질병매개 해충을 지역 전체에서 제거하는 작업

▶ **방제(Control / Management)**

: 해충의 개체수를 통제하여 피해를 허용 가능한 수준으로 유지하는 과정
  예) 쥐, 바퀴벌레의 밀도를 관리하는 정기적 방역

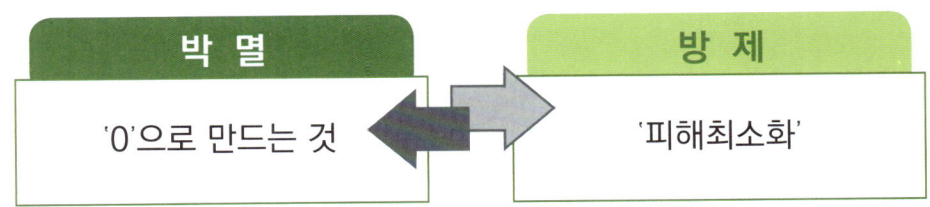

3. IPM의 활용

IPM이란 무엇인가?

▶ IPM의 개념
해충과 숙주의 관계를 고려해 해충 피해를 최소화하는 전략. 해충 밀도, 생태적 환경 정보, 기술을 기반으로 안전하고 경제적인 관리 체계

▶ IPM의 정의
해충 위험을 줄이기 위한 과학적 의사결정 과정. 해충 생물학과 환경 정보를 조합해 사람과 환경에 대한 위험을 최소화하고, 경제적인 방식으로 해충 피해를 관리

▶ 핵심 원리
경제적, 환경적 손실을 줄이고 생태적 지속 가능성을 유지하는 원리. 생물학적, 화학적, 물리적 방제, 문화적 방제 방법을 통합하여 해충 밀도를 조절하고 경제적 손실 최소화

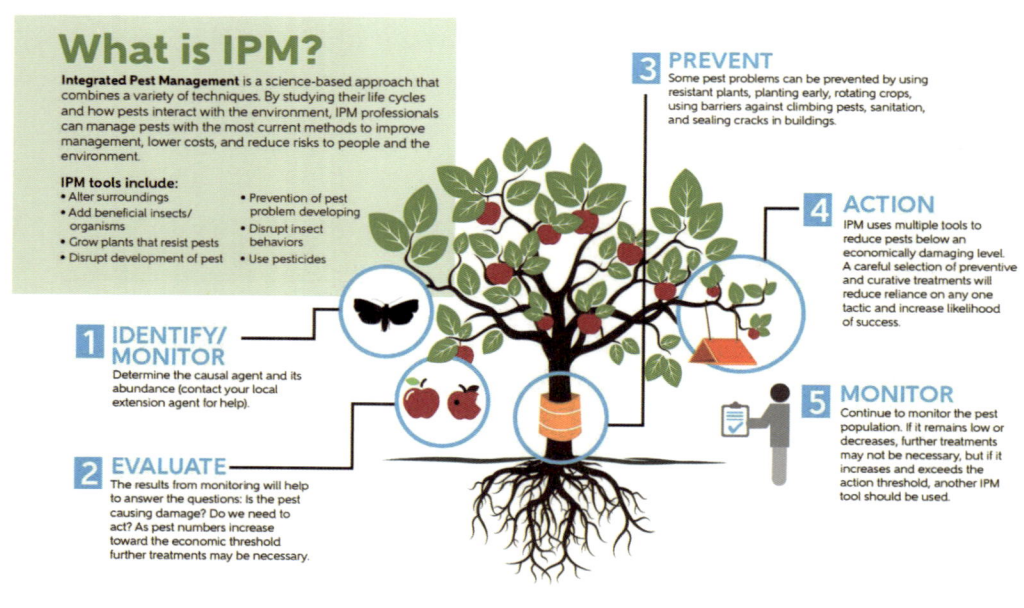

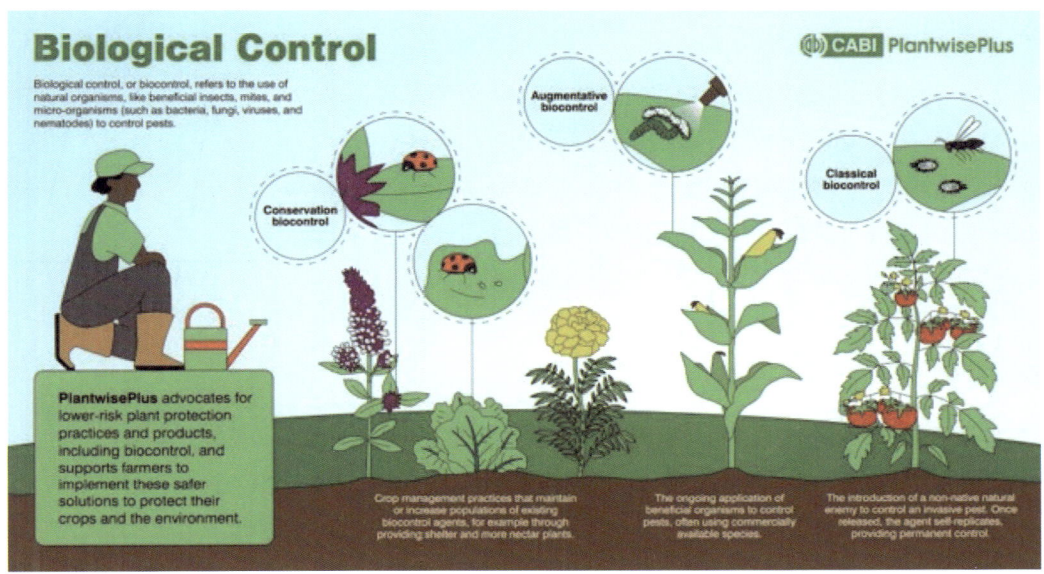

3. IPM의 활용

IPM 필요성

▶ 경제적 손실 최소화

해충 피해는 단순히 눈에 보이는 피해뿐만 아니라 생산물 손실, 추가 방제 비용, 장기적인 자원 감소 등으로 이어질 수 있다. IPM(통합해충관리)은 이러한 경제적 손실을 최소화하기 위해 해충의 개체수가 경제적으로 허용 가능한 수준을 넘어서기 전에 미리 조절하는 방식을 적용한다.

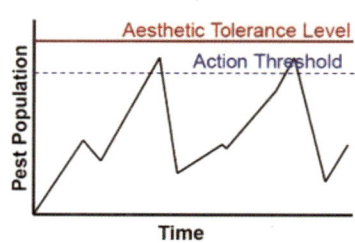

▶ 환경보호와 생물 다양성 유지

화학적 방제의 과도한 사용은 환경 오염과 생태계 교란을 유발하며, 해충뿐만 아니라 유익한 생물까지 감소시키는 부작용을 초래한다. IPM은 이러한 문제를 최소화하기 위해 생물학적 방제, 저항성 품종, 물리적 방제, 작물 재배 방식 개선 등 다양한 방법을 결합하여 지속 가능한 해충 관리 전략을 구축한다.

예를 들어, 생물학적 방제를 활용하면 해충을 천적이나 기생 생물을 이용하여 자연적으로 억제할 수 있으며, 저항성 품종을 도입하면 특정 해충의 피해를 줄일 수 있다. 또한, 물리적 방제로 해충의 서식 환경을 조절하거나 차단하는 방식이 적용된다. 이러한 방법을 통해 화학적 살충제 사용량을 줄이면서도 해충 피해를 효과적으로 관리할 수 있다.

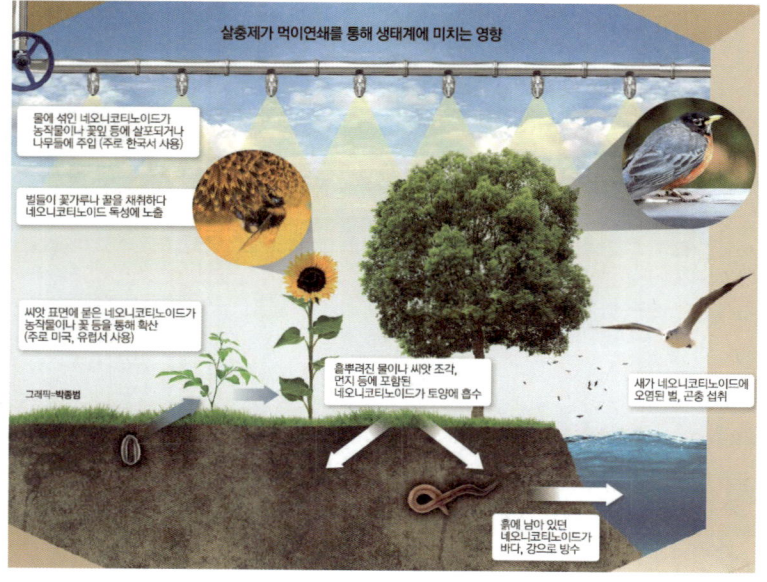

화학적 방제가 남용될 경우, 꿀벌과 같은 **방화 곤충(수분을 돕는 곤충)**의 개체수가 급격히 감소하여 농업 및 자연 생태계 전반에 악영향을 미친다. 방화 곤충이 줄어들면 자연 수분 과정이 원활하게 이루어지지 않으며, 이에 따라 인공수분이 필요해진다. 꿀벌이나 다른 수분 매개 곤충을 인위적으로 도입해야 하는 상황이 발생하면 추가적인 비용 부담이 커지고, 농업 생산성에도 부정적인 영향을 미칠 수 있다.

IPM은 이러한 문제를 예방하기 위해 친환경적인 해충 관리 기법을 적극 활용하여 생태적 균형을 유지하고, 생물 다양성을 보호하는 방향으로 운영된다. 이를 통해 장기적으로 환경보호와 경제적 지속 가능성을 동시에 달성할 수 있다.

▶ 사회적 · 경제적 가치

공공 건강 보호: 위생 해충(모기, 쥐, 바퀴 등)은 각종 전염병을 매개하며, 인체 건강에 심각한 위협을 가할 수 있다. IPM은 이러한 해충의 개체수를 효과적으로 관리하여 질병 확산을 방지하고, 건강한 생활 환경을 유지하는 데 기여한다.

환경 오염 감소: 기존의 해충 방제 방식은 주로 살충제, 살서제 등 화학 물질에 의존하며, 이로 인해 토양과 수질 오염, 대기 중 독성 물질 증가, 생물 다양성 감소 등의 환경 문제가 발생할 수 있다. IPM은 생태 친화적인 방법을 우선적으로 활용하여 이러한 문제를 해결하고 지속 가능한 환경 관리를 실현한다.

3. IPM의 활용

> IPM 필요성

▶ **위험 관리**

IPM은 경제적, 환경적, 사회적 위험을 최소화할 수 있는 의사결정을 지원하여 안정적인 환경을 제공한다

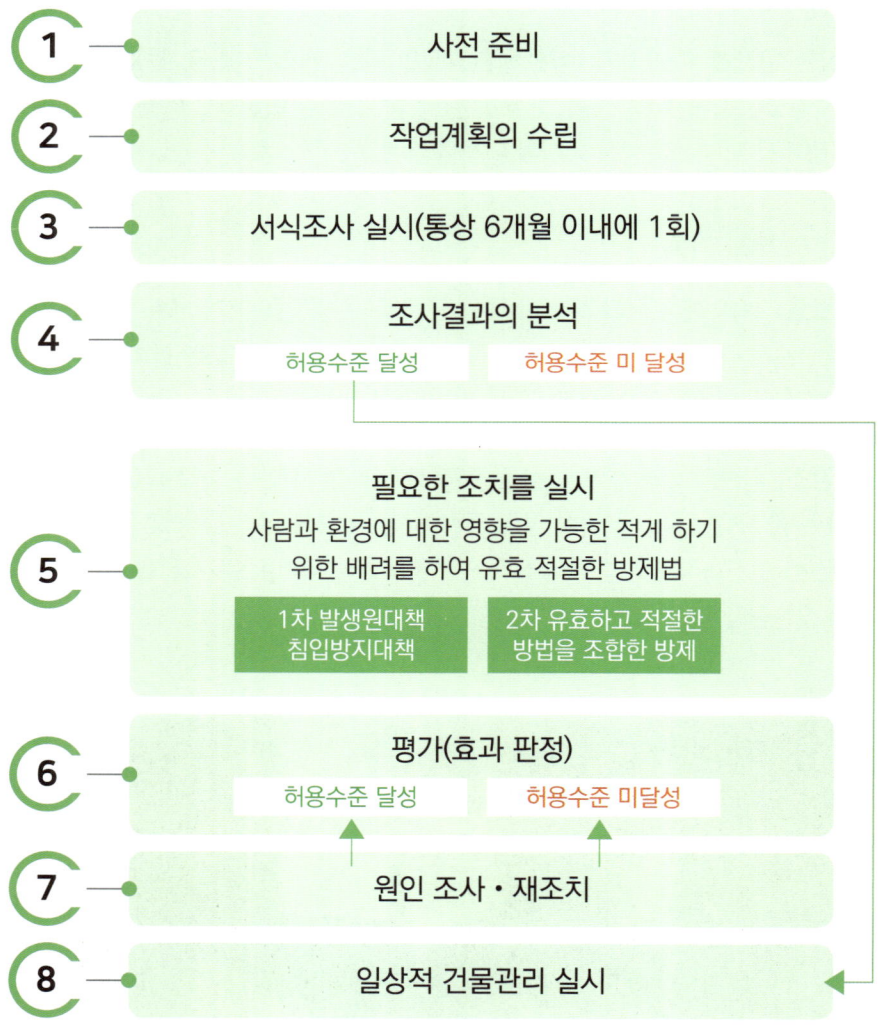

IPM 왜 중요한가?

▶ 화학 오염, 자연보호, 건강유지

"화학 약품에 의한 환경 오염을 줄입니다."
살충제 사용을 줄이면, 토양과 수질 오염이 줄어들고, 환경에 미치는 부정적 영향을 최소화한다.

"자연 생태계를 보호합니다."
다양한 생물들이 자연 환경에서 더 건강하게 공존할 수 있다.

"사람과 동물의 건강을 지킵니다."
과도한 살충제 사용을 줄이면 사람과 동물이 유해 물질에 노출될 위험이 감소한다.

▶ IPM의 환경적 상징

IPM은 살충제 사용을 최소화하고 자연 생태계의 균형을 유지하며, 환경에 미치는 영향을 줄일 수 있는 효과적인 해충 관리 방법으로 설명된다. 특히, 유해 화학물질의 사용을 감소시킴으로써 토양과 수질 오염을 예방하고, 지속 가능한 환경보호에 기여한다.

▶ 경제적 효과와 장점

이 연구는 IPM이 살충제 사용 비용을 절감하고, 장기적으로 농작물의 생산성 향상과 경제적 효율성 증대에 기여한다는 점을 강조한다. 또한, 해충의 약제 저항성을 감소시키는 데 효과적이며, 이를 통해 화학 약품에 대한 의존도를 낮출 수 있다는 결론을 제시한다.

3. IPM의 활용

> **IPM 왜 중요한가?**

▶ 살충제 사용 감소와 건강 보호

IPM은 전 세계적으로 성공적으로 적용되어 왔으며, 특히 동아프리카에서는 해충 피해를 효과적으로 줄임으로써 농작물 수확량을 크게 증가시킨 사례가 보고되었다. 또한, 천적을 이용한 생물학적 방제는 장기적으로 더욱 안정적이고 비용 효율적인 결과를 제공하는 것으로 평가된다.

▶ IPM과 전통적인 해충 방제의 비교

Table 2.3. Effect of IPM on insecticide applications and cockroach control

Service category	Before IPM (1988)	After implementing IPM (1999)
Pesticide-treatment requests (total)	14 659	954
Spray application requests	2661	0
Cockroaches requests only	10 647	733
Pesticide applications (%)	99.6	60.3
Total pesticides (g)	4426	305.8

Note. Control services considered pertain to buildings under the United States General Services Administration in the National Capitol Region (Washington, DC, Maryland and Virginia).

Source: Adopted from Greene & Breisch (2002).

▶ IPM이 살충제 살포 및 바퀴 방제에 미치는 영향

서비스 카테고리	IPM 이전(1988)	IPM 도입 후(1999)
살충제 처리 요청(총합)	14,659	954
스프레이 적용 요청	2,661	0
바퀴만 요청	10,647	733
살충제 총량(g)	99.6	60.3
살충제 사용(%)	4,426	305.8

IPM 교과서

▶ 미국환경보호국(EPA) 안전한 해충 관리

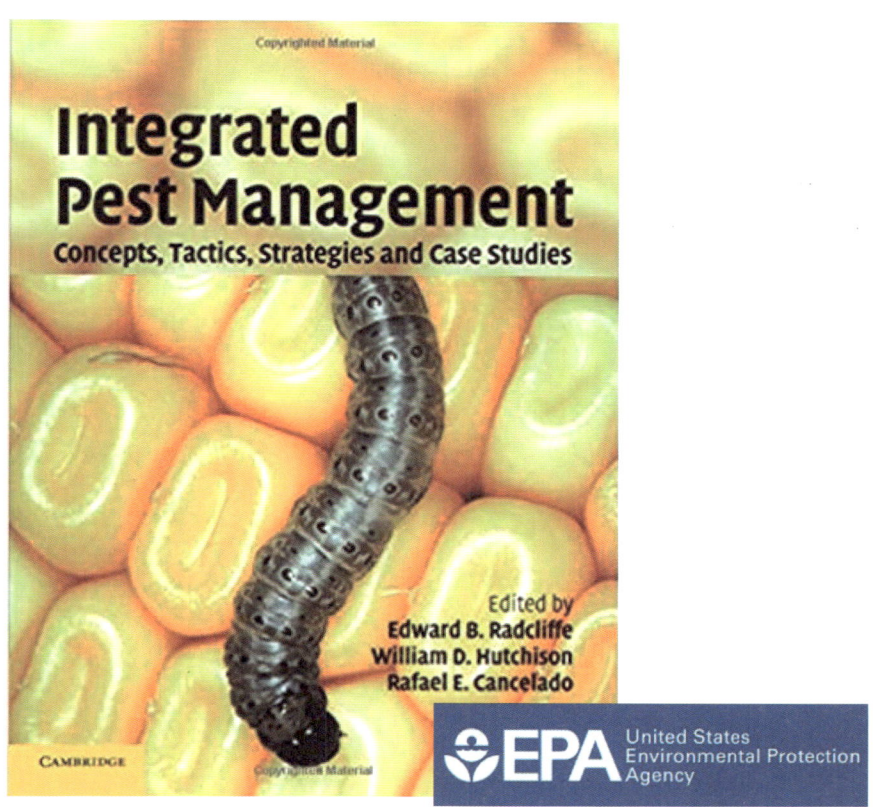

For More Information on IPM

- Integrated Pest Management in Health Care Facilities Toolkit 2021 (pdf) (4.65 MB, July 2021)
- EPA hosted webinar on Integrated Pest Management: Strategies for Pollinator Habitat Promotion and Conservation in Agricultural Areas
- Pesticides and Food: What "Integrated Pest Management" Means
- EPA is encouraging the innovation of biological pesticides, also known as biopesticides.
- Find your state's Extension Service
- Pesticide Environmental Stewardship Program (PESP)
- Radcliffe's IPM World Textbook
- IPMNet

3. IPM의 활용

전통적인 해충방제 대표 살충제란?

▶ 살충제(殺蟲劑)

영어: insecticide / 문화어: 벌레잡이약

농약의 일종으로 벌레를 죽이는 약이다. 알과 애벌레에 쓰이는 산란제와 구충제를 포함한다. 살충제는 농업, 의학, 산업, 가정에 쓰인다.

▶ 살충제에 의한 직접적 환경피해

살충제의 과도한 사용은 토양의 질을 저하시킬 수 있으며, 이로 인해 복구가 어려운 상황이 발생할 수 있다. 이러한 토양 질 악화는 다음과 같은 5가지 요인에 의해 더욱 심화된다.

토양 생물 다양성 감소

작은 유기체 감소

상호작용 붕괴

농부 화학비료 의존

상호작용 재탄생 불가능

IPM

▶ IPM(Integrated pest management)

IPM은 해충 생물학, 환경 데이터 및 기술에 대한 정보를 사용하여 사람, 재산 및 환경에 대한 경제적 비용과 위험을 모두 최소화하는 방식으로 해충 피해를 관리하는 과학 기반의 지속 가능한 의사결정 과정이다.

> **'Integrated: 통합된, 종합적인'**
> 여러 가지 요소 방법을 하나로 통합한다는 의미
>
> **'Pest: 해충'**
> 인간의 건강에 해를 끼치는 것을 의미
>
> **'Management: 관리'**
> 특정 목표를 이루기 위해 계획하고 조정하며 제어하는 것

지속 가능한 의사결정 과정은 단순히 해충을 제거하는 데 초점을 맞추는 것이 아니라, 장기적으로 사람과 환경에 미칠 영향을 종합적으로 고려하는 접근방식이다.

이 과정은 효과성과 환경적 영향을 균형 있게 평가하며, 수학적 계산에만 의존하지 않고 과학적 사고와 분석을 바탕으로 이루어진다. 따라서 정해진 정답은 없으며, 상황에 따라 최적의 해결책을 찾아가는 유연하고 체계적인 접근을 의미한다.

방제 능력은 많은 현장에서 반복적으로
해충을 관리하는 경험, 즉 훈련을 통해 성장합니다.

"얼마나 많이 쥐를 잡아 봤느냐에 따라 방제 능력자!"

3. IPM의 활용

IPM에서 해충이란?

▶ **인간의 건강에 해를 끼치는 유기체**
    (식물, 동물, 곰팡이, 곤충, 세균 등의 생물체를 포함)

까마귀

러브버그

잡초

- 작물과 건물에 피해 입히는 유기체
- 인간의 건강과 가축에 위협을 가하는 유기체
- 미적 및 레크리에이션적(즐거움) 가치를 감소하는 유기체

> 해충은 박멸이 아니라 관리입니다.
> 환경과 생태계에 영향을 최소화하면서
> 인간의 삶을 안전하게 하는
> 전략이 IPM입니다.

IPM에서 해충

▶ 한국의 해충

인간의 생활이나 농업 등에 **직접 또는 간접으로** 해를 주는 곤충- 혐오스러운 생물들(거미, 그리마 등)을 총체적으로 해충으로 가정함

▶ 미국의 해충

인간의 건강이나 농업에 **해를 끼치는 유기체**(식물, 동물, 곰팡이, 곤충, 세균 등의 생물체를 포함)

독일바퀴: 60종

쥐: 30종(출처 WHO)

병원성 미생물 및 감염증

▶ 불쾌 해충

질병 매개와는 관계없이 단순히 사람에게 불쾌감, 불편감, 공포감 또는 혐오감을 주거나 일상 생활에 불편을 일으키는 곤충을 말한다.

환경에 유익하지만 못생기면 살충 대상? 그럼 환경은?

3. IPM의 활용

> IPM의 시작은?

▶ **해충을 정확히 알아야 한다.**

◎ 이 해충은 어떤 문제를 일으키고, 어떤 문제를 일으킬 가능성이 있는가?
◎ 이 해충은 어디에서 번식하고 서식하는가?
◎ 이 해충의 생명주기와 번식주기는 어떻게 되는가?

잘못된 식별과 지식 부족은 해충에 대한 비효율적 제어로 이어집니다.

"이 문제의 원인이 정말 해충인가?"

"문을 열어 놨더니 모기가 들어왔는가?"

"음식 쓰레기 주변에 초파리가 있는가?"

모기는 불빛과 냄새가 나는 곳으로 유인되고, 초파리는 음식물이 있는 곳에서 발생해요.

IPM 해충 분류 및 식별의 중요성

▶ IPM 전문가의 해충 분류 방법

- **경미한 해충(Subeconomic pests)**
  존재하지만 방제가 필요할 정도로 피해를 주지 않는 해충

- **일시적 해충(Occasional pests)**
  지속적으로 발생하지 않고, 특정 환경 조건이나 계절에 따라 나타나는 해충

- **주기적 해충(Perennial pests)**
  매년 지속적으로 발생하는 해충
  (주기적인 관리 필요)

- **심각한 해충(Severe pests)**
  상당한 경제적 피해를 유발하며, 신속하고 강력한 방제 조치가 필요한 해충

기후나 환경의 변화에 따라 나타나

개체수가 늘어나는지 정기적으로 모니터링

감염원을 가지고 있는 해충은 위험해 빨리 잡자!

3. IPM의 활용

IPM의 해충 관리 전략

▶ **첫째, 아무것도 하지 않음**

해충의 밀도가 경제적 피해를 발생시키지 않을 정도로 낮을 경우, 추가적인 조치를 취하지 않고 자연적인 생태계 균형에 맡긴다.

▶ **둘째, 해충 개체수 감소**

생물학적, 물리적, 화학적 방법을 활용하여 해충 밀도를 경제적 피해 수준 이하로 유지한다.

개체수가 급격히 증가해 피해가 발생하는 경우

IPM의 해충 관리 전략

▶ 셋째, 환경의 해충 피해 취약성 감소

해충의 피해를 줄이기 위해 환경(건물, 농작물)의 취약성 감소 전략

> **예시** 건물의 틈새를 막고 청결 상태 유지, 작물의 저항성 품종 개발, 재배 등의 방식을 변경하여 해충이 침입할 수 없는 환경을 조성한다.

출입구, 창문 등의
틈새를 막는 것

야간에 조명이 외부로 비추는것을
방지하기 위한 차단
(커튼, 블라인드)

공용화장실, 기계실,
지하 주차장 등 물기가 없는
건조 상태를 유지

▶ 넷째, 해충 개체수 감소와 숙주 취약성 감소 결합

해충 개체수 감소와 환경(건물, 농작물)의 취약성 감소 전략을 함께 적용하는 방법이다. 통합적인 접근법은 더욱 일관된 방제 효과를 기대할 수 있다.

해충으로부터 안전한 환경을 조성하기 위해 해충 전문가와 협력한다.

◎ 잡동사니를 줄인다.
◎ 해충이 건물 안으로 들어오는 구역을 봉쇄한다(방풍).
◎ 쓰레기와 자란 초목을 제거한다.
◎ 식사 공간과 식품 보관 공간을 깨끗하게 유지한다.
◎ 해충 차단장치 설치한다.
◎ 고인 물을 제거한다.
◎ 건물 거주자에게 IPM 교육을 실시한다.

II

IPM 실제

1. IPM의 실제
2. IPM의 정의

1. IPM의 실제

▶ **정밀 조사 및 모니터링(Inspection & Monitoring)**

해충의 종류, 밀도, 발생 지역 등을 파악하기 위해 정기적인 조사와 모니터링을 실시한다. 이를 통해 해충의 발생 패턴과 주요 문제 지역을 분석한다.

▶ **해충 발생 원인 분석(Identification & Root Cause Analysis)**

발견된 해충을 정확히 식별하고, 그들이 발생하게 된 근본적인 원인(서식지, 먹이 공급원, 진입 경로 등)을 분석한다. 이를 통해 효율적인 방제 계획을 수립할 수 있다.

1. IPM의 실제

▶ 예방 조치(Prevention & Exclusion)

해충이 발생하지 않도록 물리적, 환경적 조치를 취한다. 예를 들어, 건물의 틈새를 메우거나 음식물 관리, 쓰레기 처리, 습기 제거 등을 통해 해충의 서식과 번식을 막는다.

▶ 비화학적 방제(Non-Chemical Control)

물리적 방제(트랩, 특수 진공 청소기 사용 등), 생물학적 방제(해충의 천적, 기피 식물 활용) 또는 문화적 방제(환경 관리, 청소 등)를 통해 해충을 제거하거나 억제하는 방법을 우선 사용한다.

▶ 화학적 방제 및 지속적인 평가
  (Chemical Control & Continuous Evaluation)

가장 마지막 단계로 최소한의 화학적 방제를 사용하며, 저독성 및 환경친화적인 살충제를 선택한다. 이후에도 지속적으로 모니터링하여 방제 효과를 평가하고, 필요한 경우 방제 계획을 조성한다.

IPM(통합해충관리) 단계 중 가장 중요한 단계는 해충의 모니터링과 식별이다.

이 단계는 이후의 방제 결정의 기초가 되며, 해충의 정확한 밀도를 파악하고 필요할 때만 적절한 조치를 취할 수 있게 한다.

"모니터링을 통해 해충이 실제로 문제가 될 정도로 존재하는지, 혹은 무해한 생물인지 판단할 수 있어 불필요한 방제를 막을 수 있습니다."
(US EPA)(Pesticide.org)

• • • • •

"해충을 정확하게 식별하는 것도 매우 중요한데, 무해한 생물을 해충으로 오인하여 잘못된 방제를 실행하는 실수를 방지할 수 있기 때문입니다. 이를 통해 자원의 낭비와 환경에 대한 부정적 영향을 줄일 수 있습니다."
(Welcome to Corteva Agriscience)

• • • • •

"IPM의 궁극적인 목표는 화학약품에 대한 의존을 줄이고, 인간과 환경에 최소한의 위험을 초래하는 방식으로 해충을 관리하는 것이며, 이 모든 것은 정확한 모니터링과 식별에서 시작됩니다."
(US EPA)(Oxford Academic)

1. IPM의 실제

IPM의 단계별 과정

1 단계 — 정확한 해충 식별
(Identification of Pests)

2 단계 — 모니터링 및 관찰
(Monitoring and Inspection)

3 단계 — 의사결정 및 경제적 위험
(Establishing Action Thresholds)

4 단계 — 방제 방법 선택
(Choosing Control Methods)

5 단계 — 평가와 재검토
(Evaluation and Reevaluation)

1 단계   정확한 해충 식별(Identification of Pests)

해충을 효과적으로 관리하려면 먼저 어떤 해충이 문제를 일으키는지 정확하게 식별해야 한다. 해충의 종류에 따라 관리 방법이 달라지기 때문에, 이를 잘못 식별하면 적절한 방제를 할 수 없다.

예시 특정 해충이 곤충인지, 병원균인지, 잡초인지 등을 구별하여 맞춤형 관리 전략을 수립한다.

▶ 실내에서 번식 또는 재산 및 인체에 피해를 입히는 해충에 대한 구분

⟨*Blattella germanica* _독일바퀴⟩

해충을 효과적으로 방제하려면 해충을 정확하게 식별하는 것이 중요하다. 해충은 수명 주기를 거치면서 다르게 보일 수 있다. 예를 들어, 미성숙한 딱정벌레는 애벌레나 벌레처럼 보일 수 있다. 이 때문에 해충은 해충이 아닌 것으로 쉽게 오인될 수 있으며, 그 반대의 경우도 마찬가지다. '해충'이 실제로 유익한 유기체이거나 무해하거나 일시적인 문제일 뿐이라는 사실을 알게 될 수도 있다.

1. IPM의 실제

IPM의 단계별 과정

2 단계   모니터링 및 관찰(Monitoring and Inspection)

해충의 개체수와 활동을 지속적으로 모니터링하여 해충이 어느 정도의 피해를 주고 있는지 파악한다. 이를 통해 해충의 발생 수준을 조기에 발견하고, 필요할 때 적절한 방제 조치를 취할 수 있다.

예시 끈끈이 덫을 설치하거나 정기적인 현장 점검을 통해 해충 활동을 감시한다.

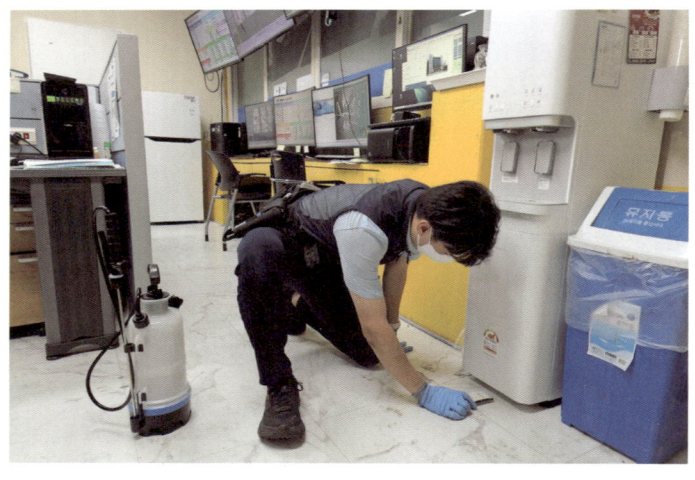

여러가지 모니터링 트랩

해충별 페로몬 성분이 다른 것들로 특정 해충을 유인, 포획한다.

3 단계   의사결정 및 경제적 위험(Establishing Action Thresholds)

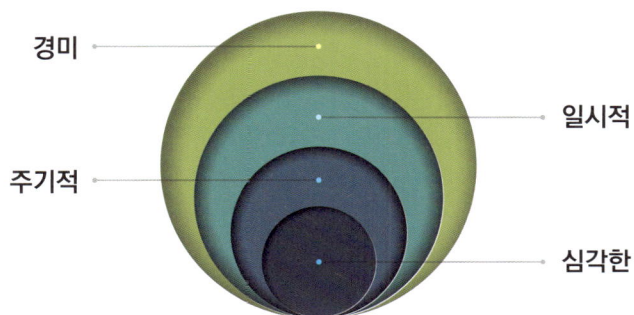

▶ 의사결정에 반영해야 하는 해충 분류법

◎ **경미한 해충(Subeconomic pests)**
존재하지만 방제가 필요할 정도로 피해를 주지 않는 해충
예) 귀뚜라미, 꼽등이, 그리마 등

◎ **일시적 해충(Occasional pests)**
지속적으로 발생하지 않고, 특정 환경 조건이나 계절에 따라 나타나는 해충
예) 깔따구, 하루살이 등

◎ **주기적 해충(Perennial pests)**
매년 지속적으로 발생하는 해충(주기적인 관리 필요)
예) 집바퀴, 모기, 개미 등

◎ **심각한 해충(Severe pests)**
상당한 경제적 피해를 유발하며, 신속하고 강력한 방제 조치가 필요한 해충
예) 독일바퀴, 쥐, 빈대 등

1. IPM의 실제

IPM의 단계별과정

▶ 해충의 분류 동정, 환경 분석, 해충의 밀도, 재산 피해(사람, 환경, 소유물 등 포함) 위험성 등을 고려하여 방제 여부 판단

IPM에서는 **경제적 피해 수준(EIL), 경제적 한계 값(ET),** 이 두 가지 기준을 대입하여 결정

① **경제적 피해 수준(EIL):** 예상되는 재산 피해의 가치가 방제 비용과 동일해지는 해충 개체군 밀도

단위 면적당

$$EIL = \frac{C}{VIDK}$$

C = 해충 방제 비용이고,
V = 재산의 피해 가치
I = 해충 1마리당 재산 피해 정도, D= 단위 재산 피해당 경제적 손실
→ 해충 밀도에 따른 재산, 경제적 손실 또는 피해를 결정
K = 해충 방제의 효과, 즉 해충 방제로 인해 제거되거나 무력화되어 더 이상 피해나 손실을 일으키지 않는 해충의 비율

② **경제적 한계값(ET):** 해충 개체군이 EIL에 도달하거나 이를 초과하지 않도록 방제 조치를 취해야 하는 해충 밀도

ET는 일반적으로 EIL보다 합리적인 수준으로 설정되어 방제 결정을 내리고 조치를 계획할 수 있는 충분한 시간을 제공, 즉 안전한 환경을 유지하기 위해서는 피해 수준 이전의 경제적 한계값(ET)을 기준으로 관리하는 것을 권장한다.

※ IPM에서 'M(관리)'은 중요한 부분은 리스크를 수반하는 의사결정 과정관리, 즉 의사결정이 종종 불확실성하에서 이루어진다. 이유는 해충 밀도, 재산의 가치, 이상 기후, 고객과 관리자의 판단차 및 기대치 등 불확실성이 많은 시스템에서 IPM이 실행된다는 점을 반영한다.

(Barry,1984 ; Boehlje & Eidman, 1984).

동일한 환경이나 동일한 해충이 발생했더라도 판단은 달라질 수 있고, 이러한 과정을 통해 스스로 성과를 기록하고 리스크를 기록하여 역량을 키우는 것이 중요합니다.

4 단계　방제 방법 선택(Choosing Control Methods)

방제를 시작하기로 결정했을 때, 해충의 피해를 줄일 수 있는 다양한 방제 방법을 선택한다. 이때 화학적 방제를 최소화하고, 생물학적 방제, 물리적 방제, 문화적 방제 등 환경 친화적인 방법을 우선적으로 고려한다.

예시 천적을 이용한 생물학적 방제, 트랩 설치 등의 물리적 방제 방법을 우선적으로 적용한다.

〈IPM 예방〉
- 잡동사니를 줄인다.
- 해충이 건물 안으로 들어오는 구역을 봉쇄한다(방풍).
- 쓰레기와 자란 초목을 제거한다.
- 식사 공간과 식품 보관 공간을 깨끗하게 유지한다.
- 해충 차단 장치 설치.
- 고인 물을 제거한다.
- 건물 거주자에게 IPM 교육을 실시한다.

〈방제〉
- 해충 포획
- 열/냉각 처리
- 물리적 제거
- 살충제 살포

1. IPM의 실제

> ### IPM의 단계별 과정

방제 기법에는 여러 가지가 포함되며, 해충을 통제하기 위해 생물학적, 화학적, 물리적, 그리고 문화적 수단을 조화롭게 활용한다.
대표적인 IPM 방제 기법 5가지는 다음과 같다.

▶ 생물학적 방제(Biological Control)

천적, 기생충, 병원체와 같은 생물학적 요소를 활용하여 해충을 자연적으로 억제하는 방법에는 해충을 먹는 곤충(천적)을 방사하거나 곤충의 성장을 억제하는 병원성 미생물을 사용하는 방식이 포함된다.

▶ 화학적 방제(Chemical Control)

살충제와 제초제 같은 화학 약제는 선택적으로 사용되며, IPM에서는 이러한 화학 방제를 최소화하는 것을 원칙으로 하며, 약제는 꼭 필요한 경우에만 사용하고, 유해성이 적은 제품을 우선적으로 선택한다.

▶ 문화적 방제(Cultura Control)

환경을 관리하고 인간의 행동을 변화시켜 해충의 서식지나 번식을 억제하는 방법

① 도시 환경을 깨끗하게 유지하는 것은 해충의 번식과 먹이 찾기를 어렵게 만들어 위생 관리와 청결 유지에 매우 중요하다. 음식물 쓰레기는 밀폐된 용기에 보관하고, 쓰레기통은 자주 청소해야 하며, 이러한 관리 습관은 파리, 바퀴벌레, 쥐 등 해충의 서식을 효과적으로 방지할 수 있다.

② 배수 시스템의 유지와 관리는 모기와 같은 해충의 번식을 억제하는 데 중요한 역할을 한다. 모기는 정체된 물에서 번식하기 때문에, 도심에서는 배수 시스템을 정기적으로 점검하고 배수구, 웅덩이, 화분 받침대에 고인 물을 제거하는 것이 필요하다.

▶ 물리적 방제(Physical Control)
덫 설치, 장벽 설치, 온도 조절(예: 열 처리 또는 저온 처리) 등을 포함할 수 있다.

① 트랩스(Traps)
특정 해충을 유인하고 포획하는 덫을 사용하여 해충을 물리적으로 제거하는 방법이다. 설치류, 바퀴벌레, 파리와 같은 해충을 포획하기 위해 페로몬 트랩, 접착식 트랩, 마우스박스 등의 다양한 트랩이 사용된다.

② 차단 장치(Barriers)
해충의 침입을 물리적으로 차단하는 방법이다. 창문이나 문에 방충망을 설치하거나 문틈에 브러시 스트립을 부착해 모기, 파리, 개미 등의 진입을 막는다.

③ 물리적 제거(Physical Removal)
해충을 직접적으로 제거하는 방법을 의미한다. 예를 들어, 흰개미의 둥지를 파괴하거나 침입한 설치류를 물리적으로 제거하는 방식이 이에 해당한다. 또한, 흡입 청소기를 활용해 작은 곤충을 제거하는 것도 물리적 제거에 포함된다.

④ 온도 조절(Thermal Treatment)
극한의 온도를 이용해 해충을 제거하는 방법이다. 뜨거운 스팀이나 저온 처리를 통해 해충과 그 알을 제거하며, 주로 빈대나 바퀴 퇴치에 사용된다.

⑤ 빛 유인 장치(Light Traps)
빛에 유인되는 곤충을 제거하기 위한 장치로, 자외선을 발산하여 파리, 모기, 나방과 같은 해충을 유인하고 제거하는 데 효과적이다.

1. IPM의 실제

IPM의 단계별 과정

5 단계 평가와 재검토(Evaluation and Reevaluation)

1. 성과의 정의와 검증

IPM 프로그램의 성과를 정의하고 검증하는 과정은 프로그램의 경제적, 환경적, 사회적 영향 측면을 다각도로 평가하여 성공 여부를 판단하는 것을 의미한다.

▶ **경제적 평가**
- 프로그램이 고객에게 효율적인 대안을 제공했는지, 살충제 사용 감소로 인해 비용이 절감되었는지, 생산성과 수익이 향상되었는지 등을 검토한다.

▶ **환경적 평가**
- IPM 기술이 토양, 물, 공기, 그리고 비해충 생물체에 미치는 영향을 분석한다.
- 살충제 사용량 감소와 그에 따른 환경오염 감소, 그리고 농작물에 남는 화학물질의 감소 여부를 측정한다.

▶ **사회적 평가**
- 프로그램이 지역사회 구성원의 건강, 안전, 삶의 질에 미치는 영향을 조사한다.
- 특히 작업 환경 또는 생활환경 개선 측면에서의 기여 여부를 포함해야 한다.

▶ **평가와 재검토**

방제가 완료된 후에는 그 결과를 평가하여 해충 관리가 성공적이었는지 확인한다. 방제 전략의 효과를 점검하고, 해충이 다시 발생하는지 또는 추가적인 조정이 필요한지를 검토한다. 예를 들어, 방제 후 시설의 상태를 점검하고, 해충 개체수가 다시 증가하는지 관찰하여 전략을 수정한다.

> **예시** 방제 후 농작물의 상태를 점검하고, 해충의 개체수가 다시 증가하는지 관찰하여 방제 전략을 수정한다.

2. 자원 할당의 정당성

제한된 자원을 최대한 효율적으로 활용하고 있다는 점을 입증함으로써, 프로그램에 대한 정치적 지지와 재정적 지원을 유지하거나 강화하는 데 기여한다.

▶ 효율성 측정

- 비용 편익 분석

프로그램에 투입된 자원(인력, 장비, 시간 등)과 프로그램을 통해 창출된 결과(살충제 사용 감소, 수익 증가 등)를 비교하여 효율성과 경제적 가치를 평가하는 과정이다.

- 비용 효과성 분석

최소한의 비용으로 최대의 효과를 달성했는지를 평가함으로써, 자원이 최적으로 활용되었는지를 검토하는 과정이다. 이를 통해 프로그램의 효율성과 실행 가능성을 객관적으로 판단할 수 있다.

▶ 성과 기반 정당성 확보

평가는 IPM 프로그램이 환경보호, 기업 지원, 사회적 복지 증진 등 정책적 목표에 부합하는 성과를 달성했음을 입증함으로써, 지속적인 지원과 투자의 정당성을 강화하는 데 기여한다.

▶ 책임성과 투명성

프로그램의 진행 상황과 성과를 평가하고 이를 이해관계자들에게 명확하게 보고함으로써, 프로그램의 효과와 가치를 입증하고 지속적인 신뢰와 지지를 확보한다.

1. IPM의 실제

IPM의 단계별 과정

3. 책임성과 투명성 확보

IPM 프로그램의 성공적 운영과 장기적 지속 가능성을 보장하기 위한 핵심적인 요소로 성과 측정 결과를 이해관계자들에게 명확히 전달하고 신뢰를 구축한다.

▶ 성과 측정을 통한 명확한 보고

- 프로그램 목표와 성과의 연계성 강조

성과 측정을 통해 IPM 프로그램이 초기 목표(예: 살충제 사용 감소, 환경보호, 농업 생산성 향상) 달성 결과를 제출한다.

- 구체적 데이터 제공

객관적인 성과 데이터를 제시하여 프로그램의 효과와 가치를 정량적으로 입증한다.

▶ 이해관계자들에게 신뢰 구축

- 투명한 성과 보고

프로그램 평가 결과를 다양한 이해관계자(농민, 정책 입안자, 연구 기관 등)에게 적합한 형식으로 명확히 전달한다.

- 책임감 있는 자원 활용 증명

제한된 자원을 효율적으로 사용하고, 이를 통해 창출된 성과를 명확히 보고함으로써 신뢰를 얻는다.

▶ 피드백과 개선 촉진

- 성과 기반 의사 결정 지원

평가 결과를 통해 프로그램 운영의 강점과 약점을 파악하고, 이를 기반으로 이해관계자들에게 구체적인 개선 방안을 제안한다.

- 프로그램 개선 및 신뢰 강화

피드백 루프를 활용하여 이해관계자들의 요구를 지속적으로 반영하고 프로그램 성과를 향상시키며 신뢰를 유지한다.

IPM의 핵심 전략에 대한 연구

이 논문은 IPM의 역사적 배경과 발전 과정을 설명하고, 단계별 관리 절차와 해충 관리 방법의 중요성을 강조한다. 해충의 식별, 모니터링, 행동 기준 설정, 방제 방법 선택, 평가 및 재검토의 과정을 통해 IPM이 어떻게 효과적으로 작동하는지를 구체적으로 분석한다.

출처: Kogan, M.(1998). Integrated Pest Management: Historical Perspectives and Contemporary Developments. Annual Review of Entomology. 통합해충관리: 역사적 관점과 현대적 발전. 곤충학 연례 리뷰

모니터링과 평가의 중요성

이 보고서는 IPM 프로그램에서 모니터링과 평가가 핵심적인 역할을 한다고 강조한다. 특히 행동 기준 설정과 모니터링을 통해 불필요한 살충제 사용을 줄이고, 해충 피해를 예방하는 방법을 제안한다.

출처: U.S. Department of Agriculture(USDA). IPM Roadmap(2004). 미국 농무부(USDA). IPM 로드맵

행동 기준 설정과 방제 방법 선택

이 책에서는 행동 기준을 설정하고, 방제 방법을 선택하는 과정에서 환경적, 경제적 요인을 고려하는 것이 중요하다고 설명한다. 해충의 피해 수준을 분석하고, 적절한 대응 시점을 설정하는 것이 IPM의 성공 여부를 결정짓는 중요한 요소로 다루어진다.

출처: Pedigo, L. P., & Rice, M. E.(2006). Entomology and Pest Management. Prentice Hall. 곤충학 및 해충 관리. 프렌티스 홀.

IPM 프로그램의 평가와 성공 사례

국제연합식량농업기구(FAO)에서 보고된 IPM 성공 사례는, 방제 후 결과 평가와 재검토 과정이 지속 가능한 해충 관리에 중요함을 강조한다. 특히, 동아프리카와 동남아시아에서 IPM을 통해 농업 생산성과 생태계 보호를 동시에 달성한 사례를 소개한다.

출처: FAO(Food and Agriculture Organization) IPM 프로그램. 식량 농업 기구

IPM의 경제적 및 환경적 장점

이 논문은 IPM이 경제적으로 어떻게 이득을 주고, 환경적 영향을 줄일 수 있는지를 설명한다. 행동 기준 설정과 방제 방법 선택 과정에서 화학적 방제 사용을 줄이는 것이 특히 강조된다.

출처: Bajwa, W. I., & Kogan, M. (2002). Compendium of IPM Definitions (CID)- What is IPM and how is it defined in the Worldwide Literature?. IPM Practitioner. IPM 정의 요약(CID)- IPM이란 무엇이고 전 세계 문헌에서 어떻게 정의되어 있습니까? IPM 실무자.

2. IPM의 정의

> **IPM을 통한 방역업의 혁신**

> **방역 비용 절감과 효율성 향상**
>
> IPM을 통해 불필요한 살충제 사용을 줄여 비용을 절감할 수 있다.
> 화학 약품의 사용량을 줄이면서도 해충을 효과적으로 관리할 수 있어,
> 장기적인 효율성을 높일 수 있다.
>
> "WHO의 Public Health Significance of Urban Pests"
> (도시 해충의 공중 보건 중요성, 2008)

▶ **미국의 해충 방제와 건강 관련 비용**

1. 미국 해충 방제 산업현황

1) 1997년: 약 21,000개의 해충 방제 회사, 연간 수입액은 약 45억 달러에 달함
   - 주요 고객: 30만개의 호텔(음식점 있음), 50만개의 레스토랑과, 7만개의 모텔(음식 취급)
2) 2004년: 해충 방제 회사 수는 약 19,000개, 연간 수익은 약 65억 달러로 증가
   (변동 범위 6% 증가.)

2. 바퀴벌레 관련 건강비용

1) 천식에 미치는 영향
   - 미국에서는 약 1,500만 명이 천식의 영향을 받고 있으며, 이 중 약 3분의 1은 8세 미만의 어린이이다. 특히, 바퀴벌레 알레르겐에 노출된 어린이는 천식 발병률이 3.4배 더 높고, 의료적 치료를 받을 가능성도 78% 더 높은 것으로 보고되고 있다.
   - 천식으로 부담되는 부담은 2000년 기준으로 1,450억 달러 추산

3. 바퀴 방제 비용 비교(기존 방식 vs. IPM)

1) 뉴욕 저소득 가구 IPM 프로그램(Brenner et al., 2003)
   - 첫해 비용: 단위당 $46~69:IPM을 통해 바퀴가 6개월 동안 50% 감소
   - 1년 후 비용: 기본당 $24(기존 방제비 $24~46): 해충 감소 후 관리 비용 감소

2) 공용 커뮤니티 IPM 효과(버지니아주 포츠머스)
   - IPM 비용: 단위당 $4.06
   - 기존 처리 비용: 주요당 $1.50

> 8개월의 효과!
> IPM은 바퀴 80% 감소,
> 기존 방식은 300% 상승

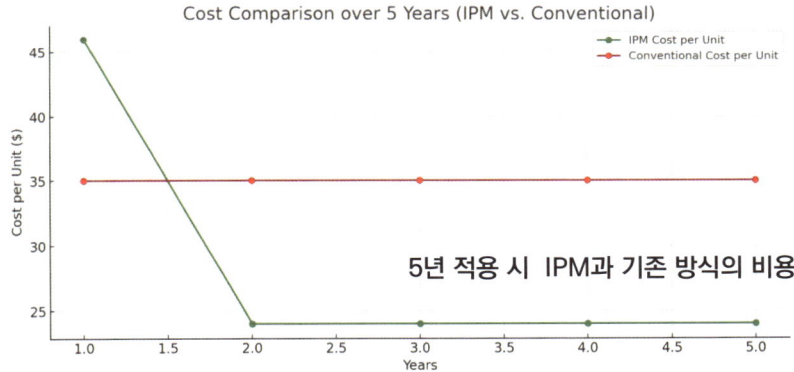

5년 적용 시 IPM과 기존 방식의 비용

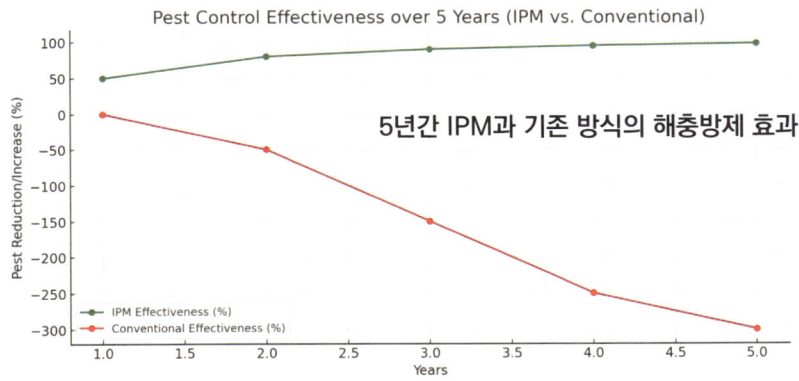

5년간 IPM과 기존 방식의 해충방제 효과

2. IPM의 정의

> ### IPM을 통한 방역업의 혁신

IPM은 해충 관리를 위한, 더욱 지속 가능하고 책임감 있는 접근 방식으로, 특히 건강과 환경에 대한 영향이 중요한 도시 및 민감한 지역에서 효과적인 해결책을 제공한다. 또한, 천식과 같은 건강 문제를 줄이는 데에도 도움이 되고, 사회적 및 경제적 측면에서 긍정적인 영향을 미친다.

1. 화학물질 노출 감소

IPM은 실내에서 화학 살충제의 사용을 최소화하고, 모니터링과 같은 비화학적 전략을 활용함으로써, 공기 중 화학 물질로 인한 어린이, 노인, 호흡기 질환자의 건강 위험이 줄어든다.

2. 실내 공기 질 개선

IPM은 유기 화합물(VOC)과 기타 유해한 잔류물을 방출하지 않고, 미끼나 유인 트랩을 사용하여 건강한 공기를 제공한다.

3. 장기 해충 예방

IPM은 진입 지점, 식량원, 습기 문제와 같은 해충 침입의 근본 원인을 식별하고 해결하는 데 중점을 두는 예방적 접근 방식으로, 현재 해충의 존재를 줄일 뿐만 아니라 시간이 지남에 따라 불필요한 작업을 줄여 나간다.

4. 강화된 건강과 안전

IPM은 살충제 관련 질병, 알레르기 반응 및 천식 발작의 위험을 감소시켜, 특히 어린이, 노인 등 취약계층에 안전한 실내 환경을 유지하게 한다.

5. 시간 경과에 따른 경제적 효율성

IPM은 초기 비용이 더 높을 수 있지만 예방 및 모니터링에 중점을 두어 시간이 지남에 따라 개체수 감소에 따른 정기 관리로 장기적으로 비용이 절감된다.

IPM을 통한 방역업의 혁신

▶ 앞으로 방역소독업 종사자가 해야 할 일

1. 안전한 화학물질 사용

레이첼 카슨은 "침묵의 봄"에서 농약이 환경과 인체에 미치는 위험을 경고했다. 이는 방역소독업자들에게 사용하는 화학물질의 안전성을 면밀히 검토하고, 환경과 인체에 미치는 영향을 최소화하는 제품을 선택해야 함을 강조한다. 이를 위해, 업계에서는 다음과 같은 조치를 취할 수 있다.

	친환경 소독제 사용	생분해성 제품이나 자연 추출 성분으로 만들어진 소독제를 사용 ⋯▶ 환경에 미치는 영향 축소
	안전 교육 강화	직원들에게 화학물질 취급과 관련된 안전 교육 제공 ⋯▶ 올바른 사용법을 이해 및 실천

2. 생태계 보호

방역 소독 활동은 해충을 통제하면서도 주변 생태계를 보호하는 데 중점을 두어야 한다.
생태계를 고려한 접근 방식은 장기적으로 더욱 지속 가능한 결과를 가져온다.

	선택적 방역	모든 해충을 일괄적으로 소독하기보다는 특정 문제를 일으키는 해충만을 대상으로 하여 생태계의 균형을 유지
	모니터링 및 평가	방역 활동 후 환경에 미치는 영향을 주기적으로 모니터링하고 평가하여, 지속적인 개선과 보완을 통해 생태계에 미치는 영향을 최소화한다

IPM을 통한 방역업의 혁신

3. 대중과의 소통

방역 소독업자들은 고객과의 적극적인 소통을 통해 화학물질 사용의 필요성과 안전성을 투명하게 알릴 필요가 있다.

	고객 교육	방역 과정에서 사용하는 제품과 방법, 안전성 정보를 고객에게 제공 ⋯ 이해와 신뢰 구축
	피드백 수집	고객의 피드백을 적극적으로 수용하고 개선점으로 삼아 서비스의 질을 향상

4. 연구와 혁신

방역 소독업자들은 새로운 방법과 기술을 연구하고 도입하여 더욱 안전하고 효율적인 서비스를 제공해야 한다.

	신기술 도입	최신 기술과 연구를 통해 더욱 안전하고 효과적인 방역 방법을 개발하고 적용
	지속적인 학습	환경과 관련된 새로운 연구 결과와 기술 발전을 지속적으로 학습 ⋯ 가장 안전하고 효과적인 방법을 고객에게 제공

Ⅲ 도시 해충 IPM

1. 해충의 이해와 종류
2. 도시 해충의 분류와 중요성

1. 해충의 이해와 종류

곤충의 분류

국제동물명명규약(1958년, 61년, 64년, 88년)

- **계** 동물계(Kingdom Animal)
- **문** 절지동물문(Phylum Arthropoda)
- **강** 곤충강(Class Insecta)
- **목** 파리목(Order Diptera)
- **과** 모기과(Family Culicidae)
- **속** 집모기속(Genus Culex)
- **종** 작은빨간집모기(Culex tritaeniorhynchus)

1. 해충의 이해와 종류

위생해충의 변태

완전변태

알 → (부화) → 유충 → 용화(蛹化) → 번데기 → 우화(羽化) → 성충

* 용화(蛹化): 유충이 번데기로 되는 것
* 우화(羽化): 번데기가 날개 있는 성충이 되는 것

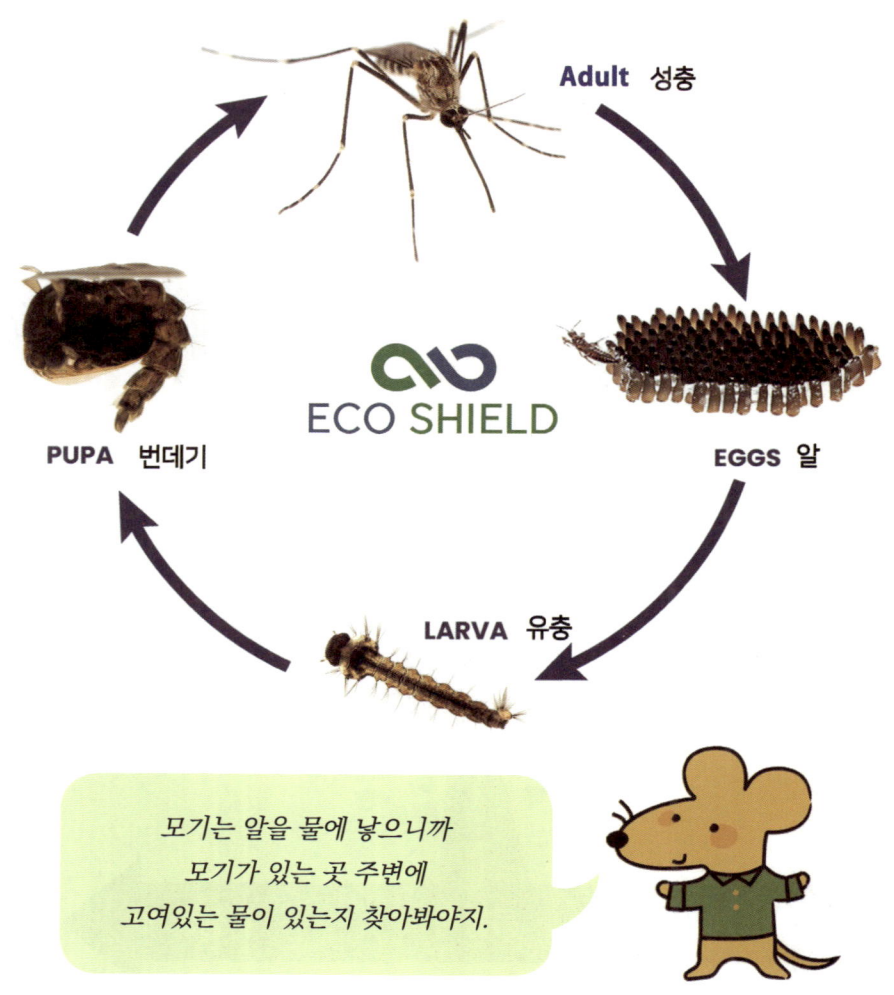

모기는 알을 물에 낳으니까 모기가 있는 곳 주변에 고여있는 물이 있는지 찾아봐야지.

불완전변태

알 → (부화) → 유충 → 용화(蛹化) → 우화(羽化) → 성충

* 약충: 날개가 없고, 생식기가 미발달
   → 약충은 여러 번(5~8회) 탈피과정을 거쳐 성충으로

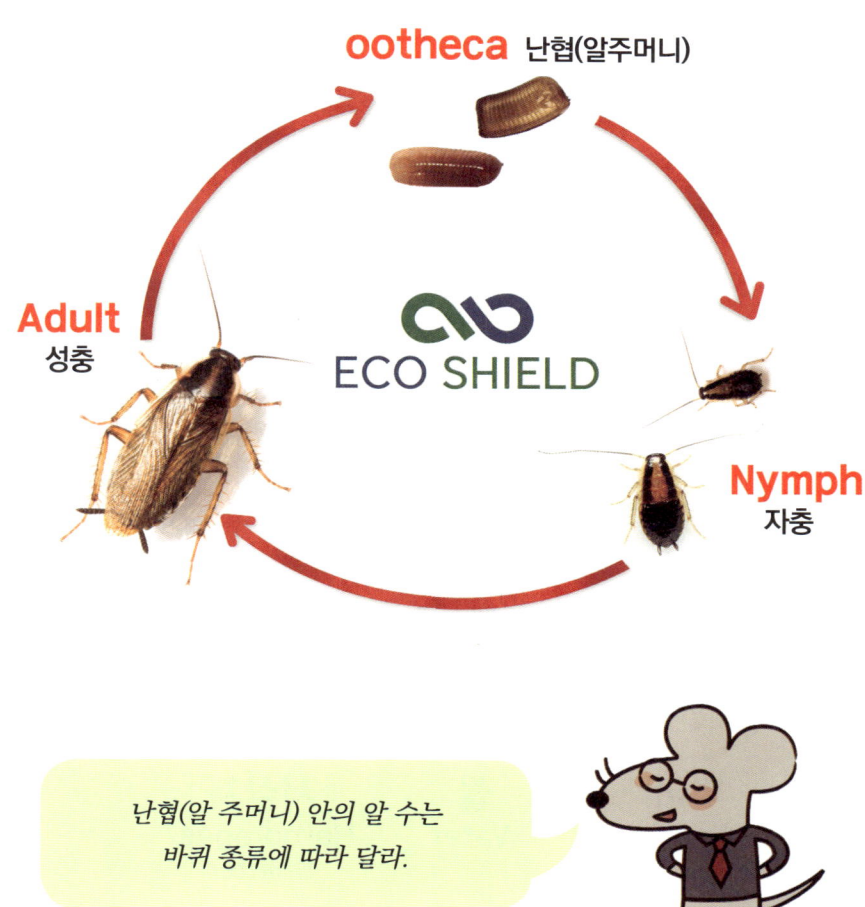

난협(알 주머니) 안의 알 수는 바퀴 종류에 따라 달라.

1. 해충의 이해와 종류

해충 생존 3요소

▶ **해충 생존의 3요소**

1. 먹이(Food)
- 해충은 생존과 번식을 위해 지속적인 영양 공급원이 필요하다.
- 예: 식품 찌꺼기, 설탕, 기름기, 인간이나 동물의 피(모기, 벼룩 등), 나무나 종이(흰개미) 등

2. 물 또는 습도(Water / Humidity)
- 모든 생물처럼 해충도 수분 없이 오래 살 수 없다.
- 특히 바퀴벌레, 개미, 곰팡이성 해충 등은 높은 습도를 좋아하며 축축한 환경에서 잘 번식한다.

3. 서식처(Harborages / Shelter)
- 해충은 숨을 곳이나 알을 낳을 장소가 필요하다.
- 예: 벽 틈, 싱크대 밑, 가구 뒤, 쓰레기통, 천장 위, 지하실 등 어둡고 따뜻한 공간

해충이 살아가는 데 필수적인 조건을 이해함으로써, 단순히 해충을 '죽이는 것'이 아니라 해충이 다시는 서식하지 못하도록 환경 자체를 바꾸는 근본적인 방제가 가능하기 때문이다.

2. 도시 해충의 분류와 중요성

도시 해충의 특징

감염병 관리
① 말라리아, 뎅기열 등 감염병 예방
② 감염병 매개 해충 발생 예방 및 발현장소 억제

질병 예방
① 해충으로 인한 질병 예방
② 질병을 유발하는 해충의 관리
③ 실내 살충제 사용량 조사 및 제제

사회적 가치
① 인간, 환경, 생태계 보호
② 소외계층의 소비 감소와 사회적 비용 감소

▶ **도시 해충의 공중보건 중요성**
  (Public Health Significance of Urban Pests.)_ World Health Organization

- 건강 위협에 대한 대처가 지연되면 공중보건에 영향을 미칠 수 있다는 점
- 질병을 치료하는 것보다 질병과 피해를 예방하는 것이 바람직함
- 빈곤층과 불우계층의 특정 요구, 특히 어린이를 위해 주택 정책 개발 및 강화에 기여하고자 함

▶ **질병과 신체적 정신적 피해를 유발하는 해충**

1. 알레르기성 천식
알레르기성 비염, 아토피 피부염, 식중독, 말라리아, 장티프스 등 병원성 미생물 및 감염병 매개하는 해충

2. 신체적, 정신적, 경제적 피해
빈대, 이 등 가려움으로 인한 피부 상처 및 불쾌한 생활로 인한 불편함, 의료비 발생과 개미로 인한 주택 훼손에 의한 경제적 피해의 원인이 되는 해충

2. 도시 해충의 분류와 중요성

도시 해충의 종류

▶ **바퀴**: 아파트, 가정, 식품 취급 시설, 병원 및 의료 시설에서 발견되는 가장 관리가 시급한 해충으로 천식, 알레르기와 같은 질병을 유발해 의학적 중요성을 가지며, 적극적인 통합해충관리(IPM) 프로그램 실행을 요구한다.

▶ **집먼지 진드기**: 자체로는 해를 끼치지 않지만, 다양한 질병, 특히 천식과 관련된 강력한 알레르겐을 발생시키는 주요 원인으로 알려져 있다.

▶ **빈대**: 빈대는 특유의 냄새와 생김새로 두려움을 유발하며, 섭식 행동(흡혈)으로 인해 심각한 신체적 고통을 초래할 수 있다. 특히, 빈대에 물린 부위는 지속적이고 심한 가려움증(개인차 있음)을 동반한다.

▶ **벼룩**: 인류사의 중요 질병인 흑사병과 발진열을 매개한다.

▶ **이집트개미와 불개미**: 이집트개미는 질병을 전파할 가능성이 있으며, 불개미는 쏘였을 때 심한 통증과 함께 알레르기 반응을 유발할 수 있다.

▶ **파리**: 병원균과 장 감염을 유발하는 병원체(예: 살모넬라 및 캄필로박터)를 전달하여 위생과 건강에 심각한 위험을 초래할 수 있다.

▶ **새**: 도시 조류의 활동과 배설물은 건물을 오염시키고, mites(예: 아르가시드 진드기, 진드기, 벌레 및 벼룩)의 근원이 될 수 있다.

▶ **몸이, 머릿니**: 체외 기생충으로 흡혈을 통해 가려움증을 유발하며 감염병을 전파할 가능성이 있다.

▶ **진드기**: 다양한 질병을 매개하며, 그중 대표적인 질병으로는 라임병(라임보렐리아증, LB), 유럽의 진드기매개뇌염(TBE), 크리미아-콩고 출혈열, 그리고 북미의 로키산홍반열(RMSF)이 있다.
또한, 진드기는 세균성, 바이러스성, 그리고 원충성 질병을 전파하여 인체에 심각한 건강 문제를 유발할 수 있다.

▶ **공생 설치류**: 다양한 감염병, 기생충, 인수공통 감염인자를 전파할 수 있으며, 천식과 실내 알레르기를 유발하는 원인이 되기도 한다.

▶ **모기**: 바이러스성 질병(예: 뎅기열, 지카 바이러스, 황열), 사상충증(선충성 질병), 그리고 말라리아(원충성 질병)를 전파하는 매개체로 공중보건을 위한 예방과 관리가 필수적이다.

▶ **비공생 설치류 및 토끼류**: 한탄바이러스를 비롯해 심각하고 때때로 치명적인 질병의 발생 원인이 될 수 있다. 이들은 인수공통감염병을 전파할 위험이 높아, 철저한 위생 관리와 예방 조치가 필요하다.

질병매개 해충 방제

물리적 환경적 방법
① 서식지 완전 제거
② 예방 시설 설치
③ 밀도 기반 트랩 사용

화학적 방법
① 대상에 맞는 곤충 성장 억제제 또는 살충제 사용
② 잔류성 살충제를 사용하여 추가적인 유입 차단
③ 살충제 처리된 창문 스크린, 모기장 사용

생물학적 방법
① 모기 방제를 위하여 유충을 잡아먹는 천적
 (미꾸라지, 송사리, 잠자리 유충 등)을 이용
② 모기 유충 서식처에 미생물 살충제 사용

▶ **해충 방제에 기술적 필요사항**

- 소독업 인증(필증) 및 방역소독 관련 자격 등 지식 보유 여부
- 프로그램을 감독할 수 있는 능력
- 해충 관리 결정에 영향을 미칠 수 있는 능력
- 해충 문제를 모니터링하고 문서화하는 능력
- 건물 유지 관리 문제를 해결할 수 있는 능력
- 해충 및 방제 방법을 식별하는 능력
- 해충 및 해충 관리의 건강 영향에 대한 조언 능력
- 프로그램에 관해 정기적으로 소통할 수 있는 능력
- 운영 예산 및 계약을 검토하는 능력

2. 도시 해충의 분류와 중요성

> **방제 단계별 필요사항**

◎ 해충을 식별하고, 생태학적 환경 분석을 통해 발생원인을 파악하여야 한다.
◎ 해충의 서식처, 침입로, 개체수를 분석하여 피해 가능성을 예측한다.
◎ 장소별, 유형별, 주변 여건에 알맞은 방제기법을 알고 선택한다.
 (해충의 생활사 = 방제주기, 식습성 및 행동패턴 = 방제기법)
◎ 방제 목표설정에 따른 전략, 환경 영향 및 규제 사항을 검토한다.
 (방제 효과 향상을 위해 청소, 정리 등 위생적인 관리 솔루션을 제안)
◎ 데이터에 의한 점검 및 관리자와의 의사소통이 필요하다.
 (모니터링, 과정 분석을 통해 통합적 해충 관리 체계 구축)

환경의 밀도, 시설과 사용자의 유형, 기후 등을 고려하여
해충의 방제 여부를 결정한다.

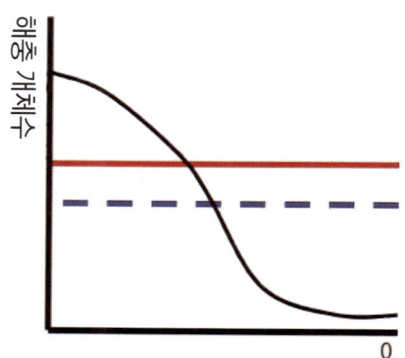

도시 해충의 경우, 특히 조치 수준은 해충의 종류에 따라 다르다. 경제적 피해는 물론, 질병을 유발하고 인간의 생활 공간에서 서식하는 독일바퀴와 쥐의 경우는 즉시 조치한다.

IV

IMP 통합해충관리

1. 독일바퀴의 IPM
2. 쥐(공생설치류)의 IPM

1. 독일바퀴의 IPM

왜 바퀴를 관리하는가

◎ 바퀴의 배설물에서 알레르겐 생성
◎ 민감한 사람, 특히 어린이의 천식을 악화시킬 수 있다.
◎ 알레르기(아토피, 비염 등)를 악화시킬 수 있다.
◎ 식품에 세균을 전파하여 식중독 등을 일으킨다.

암컷은 일생 동안 25,000~50,000번 배설물을 생산해.

1. 독일바퀴의 IPM

1. 독일바퀴의 IPM

Table 2.2. List of pathogenic microbes isolated from cockroaches
바퀴에서 분리된 병원성 미생물 목록

Bacteria(박테리아)
- Alcaligenes faecalis
- Bacillus subtilis
- Campylobacter enteritis
- Campylobacter jejuni
- Clostridium novyi
- Clostridium perfringens
- Enterobacter aerogenes
- Escherichia coli(B. orientalis, Auer, Asperger & Bauer, 1994; B. germanica, Tarry & Lucas, 1977) Klebsiella pneumoniae
- Listeria monocytogenes(B. orientalis, Hechmer & van Driesche, 1996)
- Mycobacterium leprae
- Nocardia spp.
- Proteus mirabilis
- Proteus morganii
- Proteus rettgeri
- Proteus vulgaris
- Pseudomonas aeruginosa
- Salmonella spp.(B. germanica, P. americana, S. longipalpa, Rosenstreich et al., 1997)
- Salmonella bareilly
- Salmonella bovismorbificans
- Salmonella bredeney
- Salmonella enterica serotype Oranienburg
- Salmonella enterica serotype Panama
- Salmonella enteritidis(B. orientalis, Auer, Asperger & Bauer, 1994)
- Salmonella newport
- Salmonella paratyphi B
- Salmonella typhimurium(B. germanica, P. americana, B. orientalis, Zurek & Schal, 2004)
- Serratia marcescens
- Shigella dysenteriae
- Staphylococcus aureus(B. orientalis, Auer, Asperger & Bauer, 1994)
- Streptococcus faecalis
- Streptococcus pyogenes
- Vibrio spp.
- Yersinia pestis

Fungi and moulds(곰팡이)
- Alternaria spp.
- Aspergillus niger
- Aspergillus flavus
- Aspergillus fumigatus Candida krusei
- Candida parapsilosis Candida tropicalis
- Cephalosporium acremonium
- Cladosporium spp. Fusarium spp.
- Geotrichum candidum
- Mucor spp. Penicillium spp. Rhizopus spp.
- Trichoderma viride Trichosporon cutaneum

Helminths(기생충)
- Ancylostoma duodenale Ascaris lumbricoides
- Ascaris spp.
- Enterobius vermicularis
- Hymenolepis spp.
- Necator americanus Trichuris trichiura

Protozoans(원충)
- Entamoeba histolytica
- Giardia spp.

Viruses(바이러스)
- Poliomyelitis

2. 독일바퀴의 개요

- **학명**: *Blattella germanica*
- **분포**: 전국적으로 가장 널리 분포
- **형태**: 체장 10~15mm, 밝은 황갈색, 전흉배판(앞가슴과 등)에 두 줄의 검은 줄이 있음.
- **암수 구별**: 배 끝 부분에 미모(털)만 있으면 암컷, 미모 안쪽에 미돌기가 있으면 수컷이나, 대체로 독일바퀴는 위에서 보면 통통하면 암컷, 복부 끝이 뾰족하고 날씬하면 수컷.
- **자충**: 탈피하면 하얀색을 띄고, 4~5시간이 지나면 원래의 색으로 돌아옴
- 낮에는 숨어 있다가 밤에 나와서 먹이를 찾는다.
- 주방과 욕실에 모이는 경향이 있다.
- 집단 군집이 아닌 산발적 군집으로 생활한다.
- 어린 바퀴는 바퀴 사체 / 탈피 껍질 / 배설물을 먹는다.

수컷의 미돌기

1. 독일바퀴의 IPM

2. 독일바퀴의 개요

- **두부-흉부-복부로 구분**
- **촉각은 편상형 100절 이상**
- **복안**: 1쌍(대형), 단안 1쌍
- **구기**: 저작형(대악 잘 발달)
- **전흉배판**: 대형, 타원형, 분류상 중요
- **날개**: 2쌍, 전시-각질, 후시-막질
- **다리**: 질주에 적합, 기절-전절-퇴절-경절-5부절
- **자충**: 탈피하면 하얀색을 띄고, 4~5시간이 지나면 원래의 색으로 돌아옴
- **복부 말단** – 10개 환절, 8-9절은 짧고 서로 밀착, 10배판
    – 외부생식기의 일부
    – 미모: 암수 10배판에 1쌍(종분류 특징)
    – 수컷은 미모 안쪽에 1~2개의 미돌기가 있다.

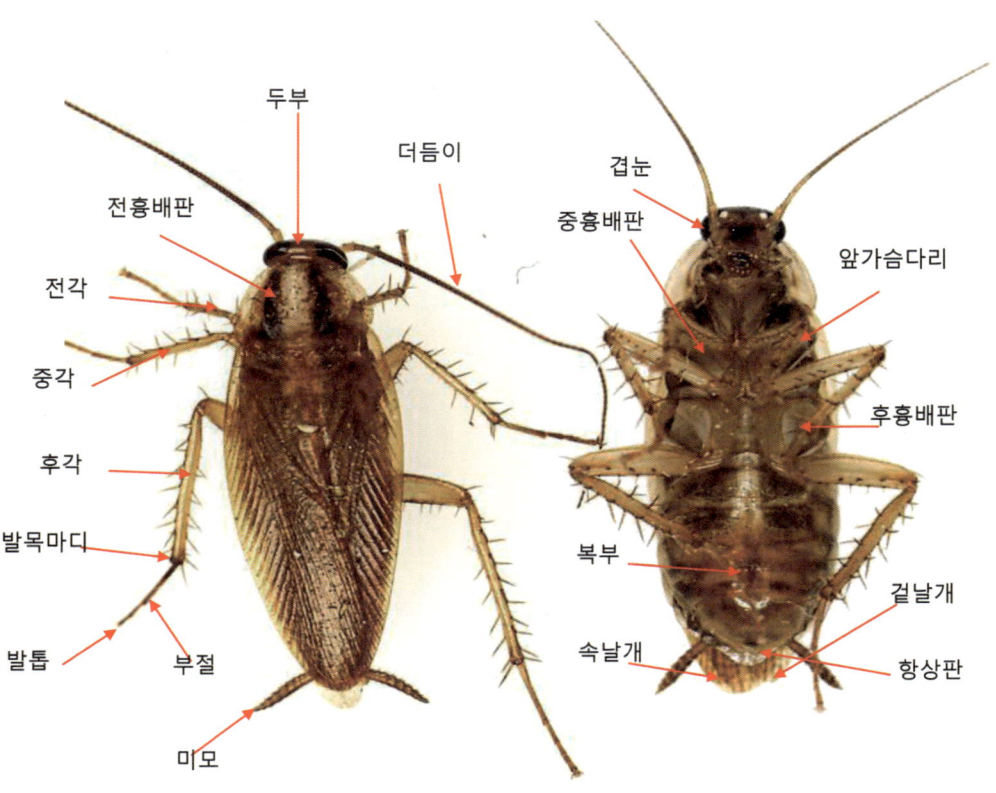

3. 독일바퀴(German cockroach)의 생활사

" 불완전변태로 발육하며 성충과 자충의 습성은 동일 "

● **알(ootheca)**
① 난협(알주머니) 속에 보호되어 산란하며, 수십 개의 알이 열 지어 들어 있다.
② 생식낭에 알을 지니고 다니며 종류, 기간, 장소, 방법에 따라 다르다.
③ 알 수는 37~44개, 약 90%가 부화한다.

● **자충(nymph)**
① 자유생활을 하며 환경조건에 따라 5~8회 정도 탈피한다.
② 암수의 성비는 1:1.2이다.

● **성충(adult)**
① 종류에 따라 다르나 날개가 있으며, 7~10일 내 교미활동을 한다.
② 죽을 때까지 산란한다.
③ 성충은 보통 100일 정도 생존한다.

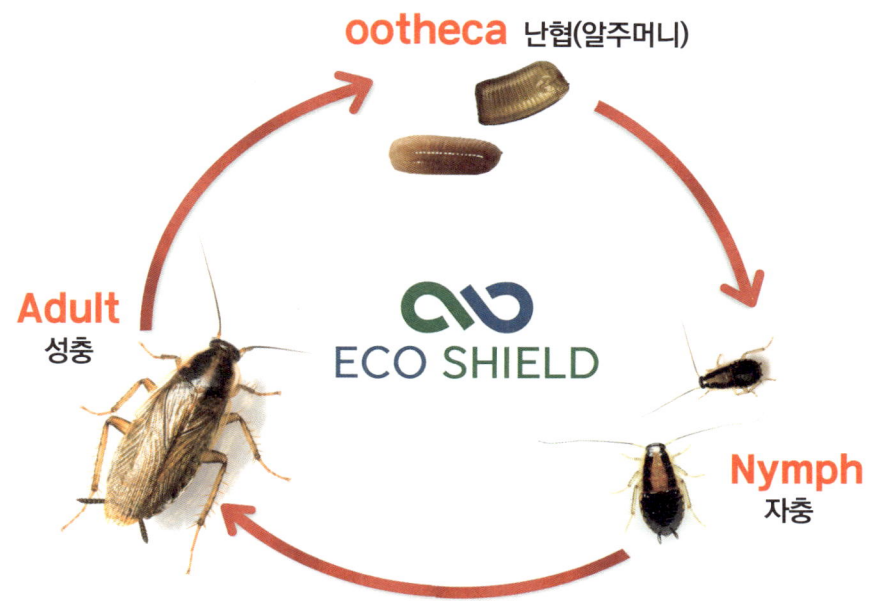

1. 독일바퀴의 IPM

4. 독일바퀴(German cockroach)의 특징

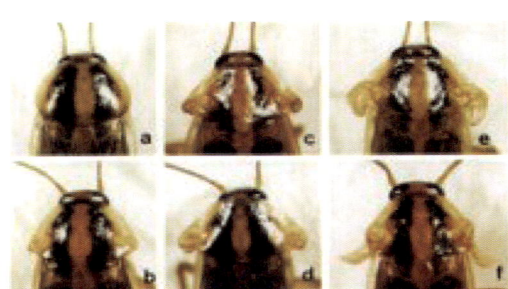

- 평균 1.6cm 크기의 옅은 갈색 몸체를 가졌으며, **전흉배판**에 짙은 색의 두 줄 무늬가 특징이다. (최근 무늬는 동일하나 형태가 변형되는 종이 나오고 있음)
- 암컷은 알이 부화하기 24시간 전까지 **알주머니(난협)**를 가지고 다닌다.
- 유충은 몇 번의 탈피를 거쳐 **45일**이 지나면 **성충**이 된다.
- 이상 조건에서 한 쌍의 독일바퀴는 **1년에 35,000마리의 알**을 낳을 수 있다.
- 크기가 작기 때문에 다른 종보다 **숨기에 유리하며 목재를 선호**한다.
- 알을 밴 **암컷**들은 **함께 모여** 있고, **유충**은 주로 **성충과 떨어져** 있는 것을 좋아한다.
- 독일바퀴의 배설물에는 동족을 유인하는 집합 페로몬이 들어있다.
- 독일바퀴는 수분 섭취를 위해 습하면서 틈이 있는 장소를 좋아하며, 싱크대 하단부, 냉장고 하단부 주변에서 서식하는 경우가 많다.
- 못 먹는 것이 거의 없으며, **소량만 먹고도 생존**할 수 있다.
- 먹이보다 더 필요한 것이 **물**이다.
- 대단히 민감한 더듬이를 가지고 있어 **약제를 감지**해 피할 수 있다.
- 일반적으로 서식처에서 대략 3~4m 내(대부분 1.5m)에서만 물과 먹이를 구한다.
- 오염된 물건(화분, 가구, 장바구니)에 혼입되어 실내로 유입되는 경우가 많다.
- 환경 변화에 빠르게 적응한다(환경변화에 따라 이동).
- 날개를 가지고 있으나 비행능력이 없어 보행 해충으로 분류된다.
- 알주머니(난협) 1개당 평균 40개의 알(난수)이 들어있다.

바퀴의 피해-1

▶ 바퀴는 잡식성이다.

▶ 소량의 음식으로 많은 바퀴가 먹을 수 있다.

▶ 바퀴는 먹이를 섭취하고 배설하거나 토하는 습성을 통해 세균을 전파하며, 이를 통해 보관된 음식과 기타 물품을 오염시키고 손상시킨다.

▶ 다리의 극모나 몸에 묻은 세균으로 식기와 조리대를 오염시킨다.

▶ 바퀴는 역겹고 많은 사람들에게 참을 수 없는 존재이다.

1. 독일바퀴의 IPM

바퀴의 피해-2

▶ 바퀴는 특히 어린이에게 천식을 유발한다.

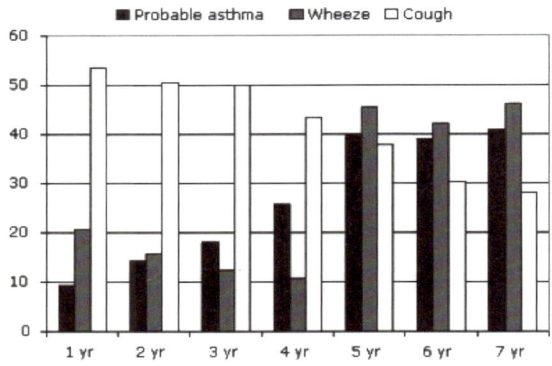

▶ 바퀴와 쥐 알레르기 물질에 노출되면 시간이 지남에 따라 어린이 천식 발병률이 증가한다.

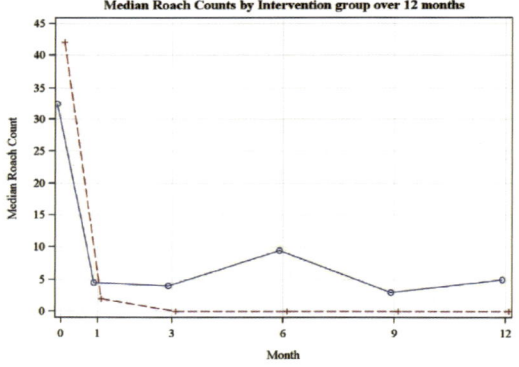

FIG 1. Median roach counts by intervention group over 12 months. *Blue,* Control; *red,* intervention.

▶ 독일바퀴 감소에 따른 천식 질환 완화

출처: A-Single-Intervention-for-Cockroach-Control-Reduces-Cockroach-exposure-and-Asthma-Morbidity-in-Children(바퀴벌레 감소에 따른 어린이 천식질환 완화)

바퀴 방제

1. 해충 식별 및 서식처 조사
2. 먹이(음식물), 물, 은신처 제거
3. 유입로 차단
4. 바퀴 제거 및 방제

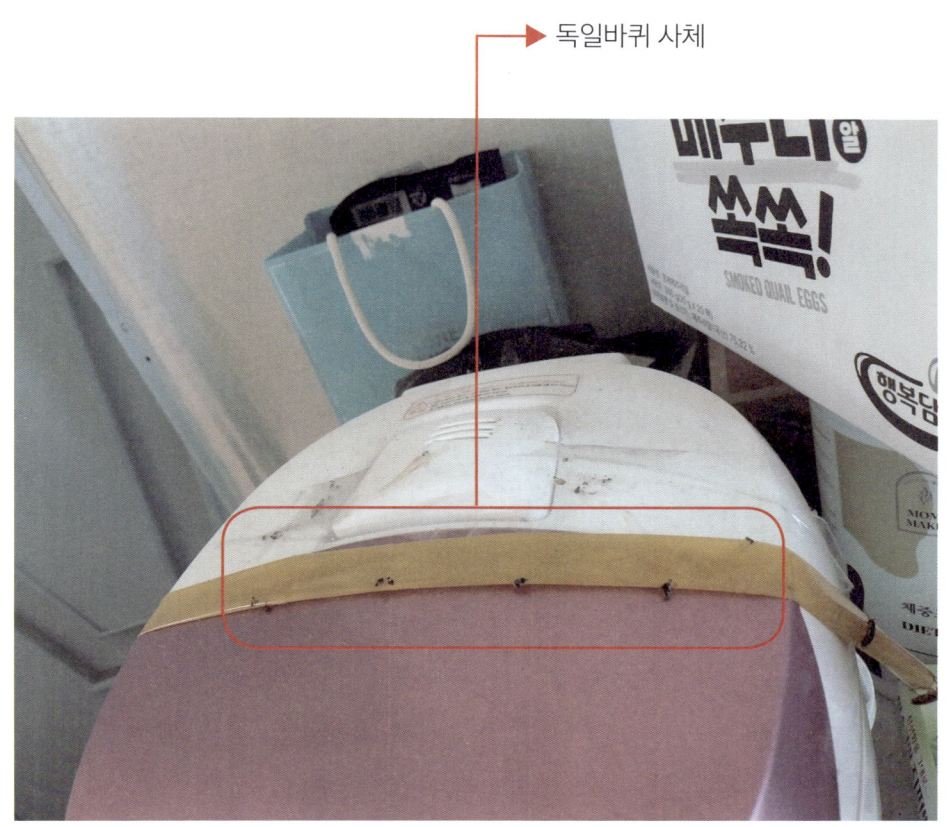

독일바퀴 사체

1. 독일바퀴의 IPM

1단계: 해충 식별 및 서식처 조사

	이질(미국)바퀴 Periplaneta americana	먹바퀴 Periplaneta fuliginosa	집(일본)바퀴 Periplaneta japonica	독일바퀴 Periplaneta germanica
난협				
약충				
성충 (수컷)				
성충 (암컷)				

◎ 야행성의 바퀴를 낮에 관찰하는 것은 쉽지 않다.
◎ 바퀴의 분변, 알 껍질, 허물, 사체 등을 눈으로 관찰하여 서식유무를 확인한다.
◎ 바퀴의 서식 밀도가 높으면 특유의 냄새가 난다.
◎ 벽 바닥에 느슨한 몰딩이 있는지 확인한다.
◎ 모든 공간, 물건 아래, 물건 뒤를 살펴본다. 물, 음식이 있는지 찾아본다.
◎ 강력한 손전등을 사용하여 가전제품(난로, 냉장고) 아래를 살펴본다.
◎ 틈새나 균열된 곳을 살펴본다.
◎ 판지와 종이는 가장 좋아하는 장소다.
◎ 캐비닛 안쪽 선반 라이너 아래를 살펴본다.
◎ 물건을 들어 올려 안쪽을 살펴본다.
◎ 벽걸이, 시계, 문 뒤를 살펴본다.
◎ 벽의 선반과 조리대 사이의 틈새를 검사한다.

1. 독일바퀴의 IPM

1단계: 해충 식별 및 서식처 조사

◎ 벽의 선반과 조리대 사이의 틈새를 검사한다.

◎ 어떤 종류인지, 어디에 있는지 확인하기 위한 검사
◎ 바퀴는 좁은 공간에 숨는 것을 좋아함

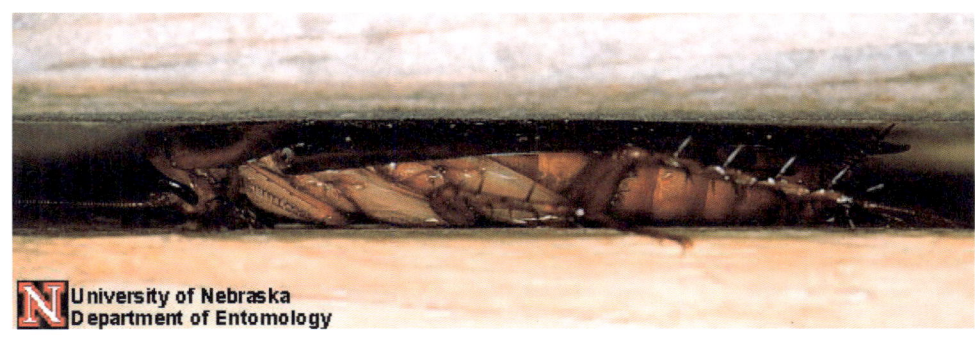

1. 독일바퀴의 IPM

2단계: 음식, 물, 은신처를 제거

◎ 먹이원을 제거한다.
◎ 진공 청소를 실시하고 바닥을 닦는다.
◎ 전자레인지를 청소한다.
◎ 모든 음식은 단단히 밀봉된 금속, 플라스틱 또는 유리 용기를 사용한다.
◎ 표면과 틈새를 철저히 청소하며, 부스러기와 흘린 물을 즉시 제거한다.
◎ 냉장고 아래를 자주 청소한다.
◎ 밤새 싱크대에 물건을 두지 말고 쓰레기를 비운다.
◎ 물이 떨어지는 곳(누수)이 없도록 한다.
◎ 욕실을 건조하게 유지한다.

3단계: 유입로 차단

▶ **바퀴 접근 차단**

◎ 바퀴가 들어오거나 숨을 수 있는 방 주변의 모든 틈새를 차단한다.
◎ 실리콘 등을 사용하여 반영구적으로 막는다.
◎ 문틈, 창문 틈 및 구멍을 막는다.
◎ 싱크대 아래로 파이프 연결부를 보수한다.

1. 독일바퀴의 IPM

4단계: 바퀴 제거 및 방제

▶ 바퀴 접근 차단

◎ 활동 중인 바퀴나 바퀴 사체, 배설물, 탈피각, 난협을 모두 제거한다. 사체와 배설물은 알레르기를 유발할 수 있다.

◎ 알레르기 유발 물질을 줄이려면 진공 청소기(HEPA 필터 장착)를 사용하여 청소하고, 잔여물을 밀봉하여 버린다.

바퀴 방제 전략 수립 및 평가

▶ 청취 조사

◎ 발생 해충 목격 시기, 횟수, 위치, 생김새 등에 대한 청취 조사

▶ 육안 조사방법

◎ 야행성의 바퀴를 낮에 확인하는 것은 어려우므로 바퀴의 배설물, 난협, 탈피각, 사체 등 육안으로 확인 가능한 흔적을 통해 서식 유무를 판단한다.
◎ 바퀴의 서식 밀도가 높으면 배설물에서 발생하는 특유의 냄새로 서식 유무를 확인한다.

1. 독일바퀴의 IPM

바퀴 방제 전략 수립 및 평가

▶ 정확한 해충 식별 및 분석

◎ 해충의 식별을 통한 해충 분류, 생물학적, 환경적 분석
◎ 해충 분류 – 불쾌 해충/위생 해충/경계 해충
◎ 피해 가능성 예측

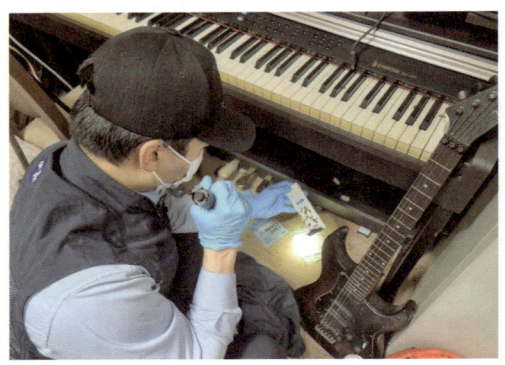
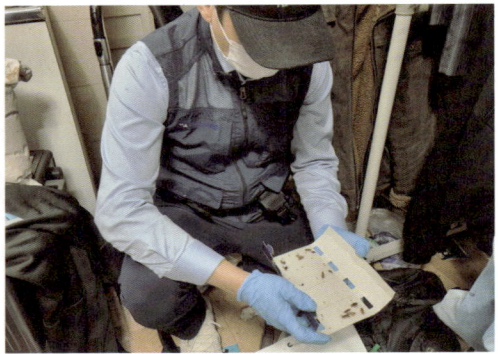

▶ 해충 모니터링

◎ 서식처 및 개체수 조사
◎ 피해 상황과 피해 예상 범위 예측
◎ 발생 해충과 환경피해 연결성 확인

▶ 목표 설정 및 결정

◎ 예방 목표　　◎ 억제(감소) 목표　　◎ 제거 목표

▶ 목표 설정 및 결정

◎ 물리적, 생물학적, 화학적 통합 방제 적용(전략 선택)
◎ 경제성 및 시기(기간) 확인
◎ 환경 영향 변화 확인

▶ 목표 설정 및 결정

◎ 결과 평가(보고서 작성)
◎ 담당자(고객) 소통 개선사항 및 위생 상태 유지 등 협력

1. 독일바퀴의 IPM

겔 타입 독먹이 처리과정

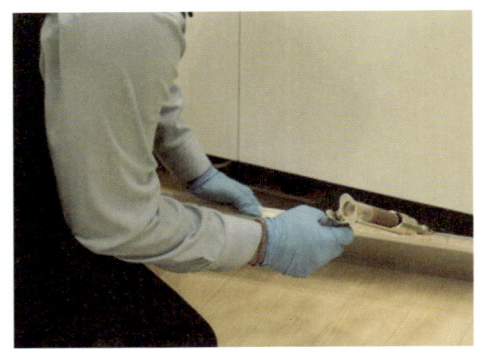
걸레받이 서비스

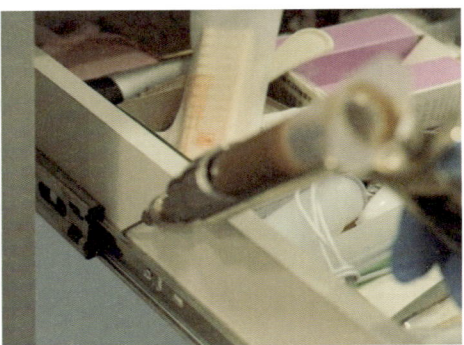
싱크대 서비스

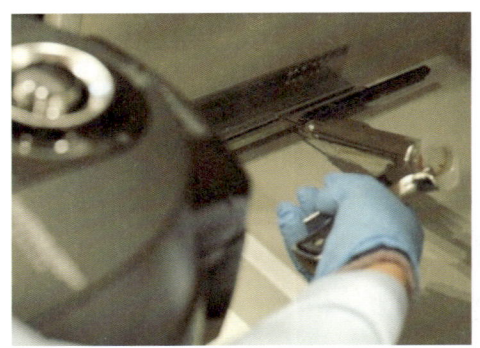
가전제품 서비스

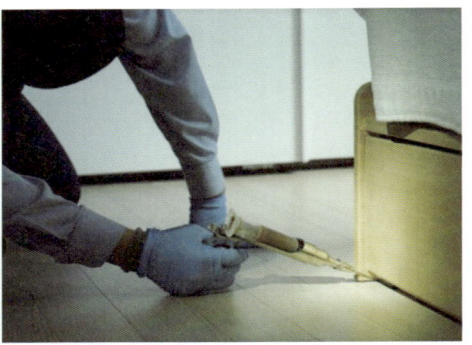
가구 서비스

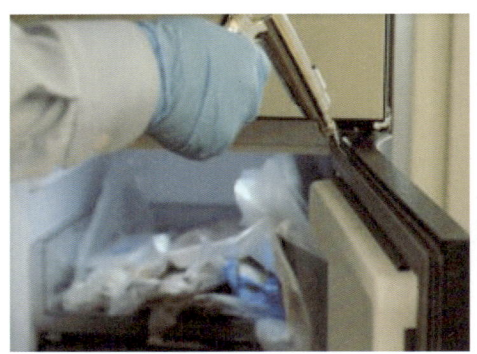
냉장고 서비스

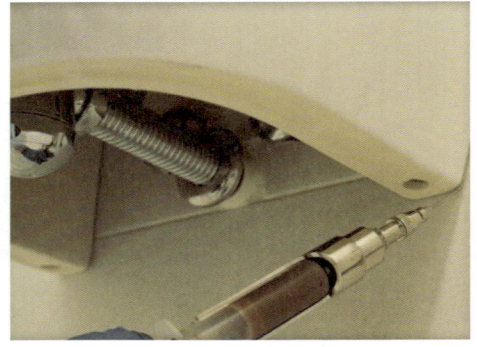
화장실 세면대 서비스

2. 쥐(공생설치류)의 IPM

> ### 왜! 쥐를 관리해야 하는가?

설치류는 다양한 인수공통전염병을 매개하는 해충으로, 인류의 생활사와 밀접한 관계를 가지고 있어 특히 주의가 필요하다.
실제로 지난 10세기 동안, 쥐가 매개한 질병은 지금까지 인류사에서 치러진 모든 전쟁에서 잃은 생명보다 더 많은 생명을 앗아갔다고 보고되었다(Nowak, 1999).

"Gratz(1984)는 쥐가 옮기는 약 40가지 질병 중 하나로 주혈흡충증을 포함시켰고, Nowak (1999)은 전 세계적으로 2억 명의 인구가 해당 질병에 감염되었다고 보고하였으며, 또한 발진티푸스, 페스트, 살모넬라증, 렙토스피라증, 선모충증 및 서교열(쥐에 물림)을 퍼뜨릴 수 있음을 확인하였다(Nowak, 1999).
Webster & MacDonald(1995)는 영국의 갈색 쥐가 3가지의 다른 내부 기생충과 동물 매개체에 감염되었으며, 일부는 최대 9가지의 감염 매개체를 보균하고 있다는 사실을 발견했다."

쥐 매개 질병은 지금까지 일어난 모든 전쟁보다 더 많은 생명을 앗아갔습니다.

출처: 도시해충의 공중보건 중요성(Public Health Significance of Urban Pests.)_World Health Organization

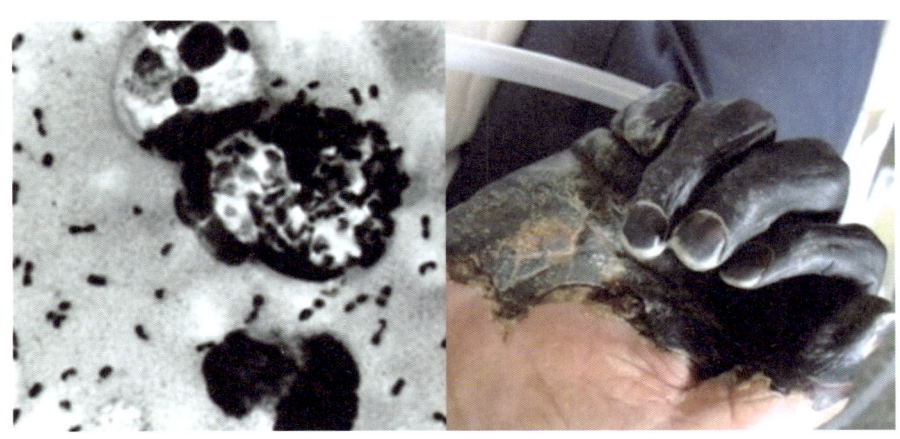

쥐 매개 질병은 지금까지 싸운 모든 전쟁보다 더 많은 생명을 앗아갔습니다.

2. 쥐(공생설치류)의 IPM

> **왜! 쥐를 관리해야 하는가?**

Table 12.1. Zoonoses associated with commensal rodents
공생 설치류와 관련된 인수공통감염증

Human disease	Vector, pathogen or both
	Ectoparasites
Bubonic plague	Asiatic rat flea – Y. pestis
LBRF	Body louse – B. recurrentis
Tick-borne relapsing fever	Ticks(Ornithodoros hermsi) – Borrelia spp.
Lyme disease	Ticks(Ixodes spp.) – B. burgdorferi
Rickettsialpoxa	Rodent mite(Liponyssoides sanguineus) – Rickettsia akari
Murine typhusa	Asiatic rat flea – R. typhi Body louse – R. typhi
	Endoparasites
Capillariasis	Capillariaspp.
Toxocariasis	Toxocaraspp.
Rat tapeworm infection	Hymenolepisnana
Diarrhoealdisease	Trichuris spp.
Diarrhoealdisease	*Hymenolepis spp.*
Diarrhoealdisease	Taenia spp.
Schistosomiasis ***	Schistosoma spp.
Trichinellosis*	Trichinella spp.
Cryptosporidiosisa	*C. parvum*
Toxoplasmosisa	*T. gondii*
Babesiosis	Babesia spp.
Sarcosporidiosis	Sarcocystisspp.
Coccidiosis	Coccidia(Eimeria spp.)
Amoebic dysentery	Entamoeba spp.
	Bacteria
Leptospirosisa	Leptospira spp.
Listeriosis	Listeria spp.
Yersiniosis	*Y. enterocolitica*
Pasteurellosis	Pasteurella spp.
Rat-bite fevera	Streptobacillus moniliformis and Spirillum minus
Melioidosis	Pseudomonas spp.
Q fever	*C. burnetii*
Salmonellosisa**	Salmonella spp.
Diarrhoealdisease	Vibrio spp.
Tularemia*	*F. tularensis*
	Viruses
Hantaanfever	Hantavirus
Lymphocytic choriomeningitisb****	Lymphocytic choriomeningitis virus

쥐(Rodent) 매개 질병

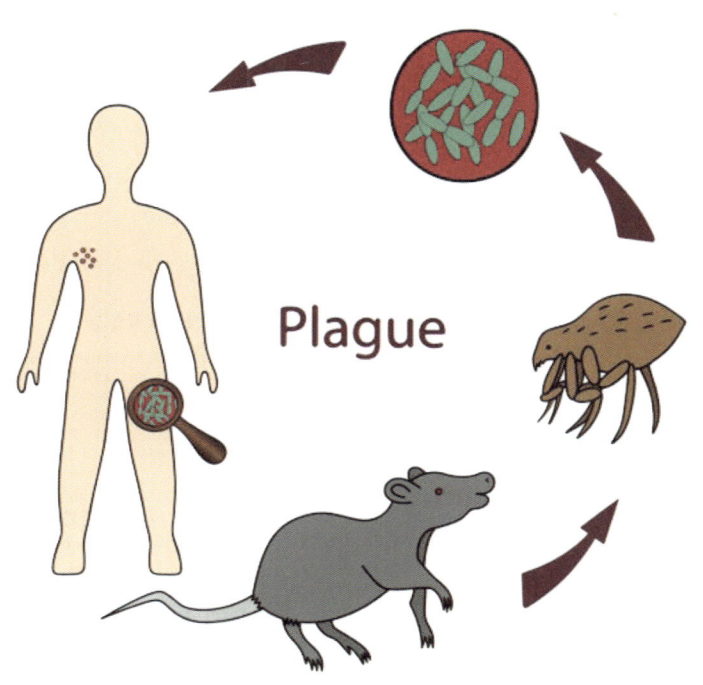

병 명	병원체	감염원	감염경로
흑사병	페스트균	혈액	쥐 – 벼룩 – 사람
쓰쓰가무시병	리켓치아	혈액	쥐 – 진드기 – 사람
살모넬라증	살모넬라균류	분뇨	쥐 – 음식물 – 사람
서교열	스피노카에타 모리수스 무리스	침액	쥐 – 사람
렙토스피라증	렙토스피라	오줌	쥐 – 물 / 흙 – 사람
유행성 출혈	바이러스	배설물	쥐 – 진드기 – 사람

2. 쥐(공생설치류)의 IPM

쥐(Rodent) 번식 및 개체조절

쥐의 임신 기간은 약 21~23일이며, 한 번에 5~10마리의 새끼를 낳는다. 또한, 쥐는 평생 동안 3~6회 정도 출산할 수 있어, 적절한 환경만 갖춰진다면 두 마리의 쥐가 단기간 만에 수백 마리로 증가할 수 있다.

이러한 급격한 개체수 증가는 쥐의 높은 번식률과 빠른 생식 주기에 기인하기에 신속한 대응이 필수적이다.

 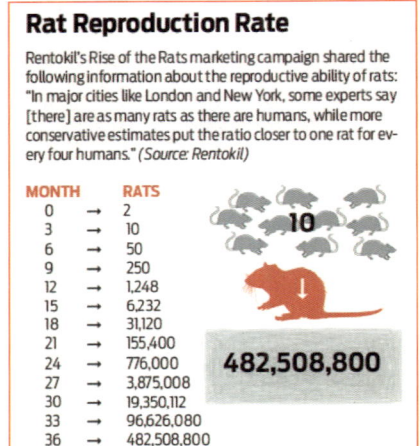

쥐는 개체군 크기를 조절하며, 개체수를 감소시키는 결정적인 주요 요소는 서식처(또는 은신처)의 크기와 먹이 자원이다.

식량이나 서식처가 줄어들면 설치류는 이주를 할 가능성이 있다(Twigg, 1975).
일반적으로, 설치류 개체군은 서식지나 식량 공급에 변화가 생기기 전까지는 출생과 사망으로 균형을 유지한다.

공생 설치류를 제어하기 위한 효과적인 방법은 환경 변화를 통해 관리하는 것이다.
이 접근법은 서식처 제거를 통한 개체수 관리에 중점을 두는 것으로 경제적 비용 감소와 건강상의 이점을 제공한다.

출처: 도시해충의 공중보건 중요성(Public Health Significance of Urban Pests.)_ World Health Organization

쥐(Rodent) 의 종류 및 개요

▶ 시궁쥐(Rattus norvegicus)

- **크기**: 코부터 꼬리 끝까지 34~45cm

배설물: 길고 둥근 끝
길이: 15-20mm

작은 귀 · 작은 눈 · 뭉툭한 코
몸통: 두껍고 무겁다
꼬리는 머리와 몸통보다 짧다
큰 발

▶ 지붕쥐(Rattus rattus)

- **크기**: 코부터 꼬리 끝까지 33~43cm

배설물: 길고 뾰족한 끝
길이: 15-20mm

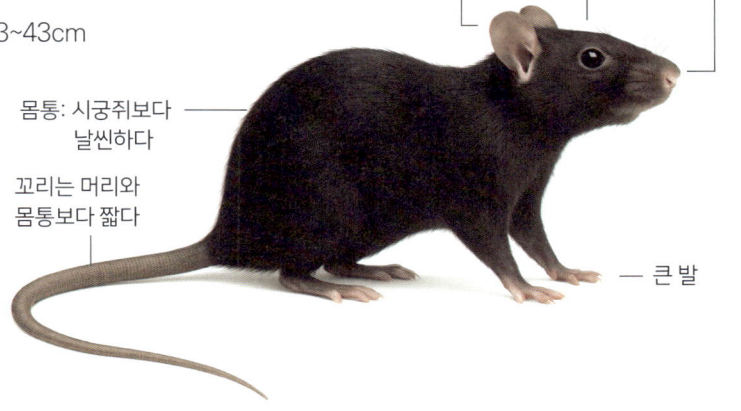

큰 귀 · 큰 눈 · 뾰족한 코
몸통: 시궁쥐보다 날씬하다
꼬리는 머리와 몸통보다 짧다
큰 발

▶ 생쥐(Mus musculus)

- **크기**: 코부터 꼬리 끝까지 15~17cm

배설물: 길고 뾰족한 소형
길이: 4~7mm

큰 귀
큰 눈
뾰족한 코
큰 발
몸통: 작고 둥근 모양
꼬리는 머리와 몸통의 길이와 같음

2. 쥐(공생설치류)의 IPM

> 쥐(Rodent) 종류

▶ 시궁쥐(Norway rat)

- **학명**: *Rattus norvegicus*
- **두동장**: 뭉툭한 주둥이, 뚱뚱한 몸 [18 ~ 25cm]
- **꼬리**: 몸 길이보다 짧음, 끌림 [15 ~ 20cm]
- **몸무게**: 250 ~ 500g
- **귀**: 작으며 모피에 반정도 묻혔음
- **출산횟수**: 4~7회 / 연
- **수명**: 약 3년
- **통과가능**: 20mm X 25mm

▶ 습성

- 굴을 파기 좋아한다.
- 지면 가까이에 머무르며 활동범위가 30 ~ 45m이다.
- 고기나 곡류, 견과류를 좋아한다 (경계심 강함, 자주 먹는 음식 선호)
- 농장이나 곡물 창고에 심각한 피해를 입힌다.
- 날마다 물을 마셔야 한다.

▶ 지붕쥐(Roof rat)

- **학명**: *Rattus rattus*
- **두동장**: 뾰족한 주둥이, 날씬한 몸 [16 ~ 20cm]
- **꼬리**: 몸 길이보다 김, 감는 운동 [19 ~ 25cm]
- **몸무게**: 225g
- **귀**: 현저하게 크며 모피로부터 튀어 나와있음
- **출산횟수**: 4~6회 / 연
- **수명**: 약 3년
- **통과가능**: 20mm X 25mm

▶ 습성

- 기어오르는 것을 좋아한다.
- 건물의 높은 곳에서도 발견되며 활동범위가 30 ~ 45m이다.
- 야채와 과일을 좋아한다.
  (경계심 강해 자주 먹는 음식 선호)
- 전기선 / 전화선을 타고 건물 안으로 침입
- 날마다 물을 마셔야 한다.

2. 쥐(공생설치류)의 IPM

쥐(Rodent) 특징 – 주요습성

▶ 생쥐(House mouse)

- **학명**: Mus musculus
- **두동장**: 작은 몸 [6 ~ 9cm]
- **꼬리**: 몸길이와 비슷 [8 ~ 10cm]
- **몸무게**: 15 ~ 25g
- **귀**: 현저하게 크며 다른 종류보다 큼
- **출산횟수**: 약 8회 / 년
- **수명**: 1 ~ 1.5년
- **통과가능**: 10mm X 12mm

▶ 습성

- 호기심이 강하다 .
- 새로운 물건에 관심을 보인다.
- 새로운 음식도 잘 먹는다.
- 여러 가지 음식을 자주 먹는다.
- 활동범위가 3 ~ 10m 정도 된다.
- 날마다 물을 마시지 않아도 된다. (음식의 수분에서 물을 취함)

쥐(Rodent) 방제 실무

손전등

쥐는 야행성이며, 주로 구석진 곳을 따라 이동하므로 어두운 환경이 주 경로가 된다. 따라서 해당 환경을 조사할 수 있는 적절한 밝기의 손전등이 필요하다.

끈끈이

쥐 흔적이 발견된 장소를 중심으로 설치한다.

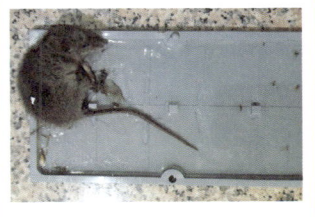

트래킹 파우더

쥐가 자신의 몸에 묻은 이물질을 혀로 제거하는 습성을 이용한 독먹이제로 쥐가 드나드는 구멍, 이동경로에 살포한다.

2. 쥐(공생설치류)의 IPM

쥐(Rodent) 방제

▶ **쥐의 행동 패턴**

- 쥐는 먹이 장소에서 변을 눈다.
- 색맹, 근시로 수염과 털을 이용 더듬으며 이동한다.
- 맛과 소리에 예민하다.
- 자기 털을 입으로 핥아 고른다.
- 줄타기, 벽 타기, 수영, 갉기에 능하다.
- 하루에 한 번 이상은 물을 먹어야 한다(생쥐 제외).
- 이빨이 계속 자라나기 때문에 먹이 섭취 등 생존행위를 하기 위해선 지속적으로 갈아야 한다.
- 1.2cm / 2.5cm 이상의 틈새는 통과할 수 있다
- 종류별로 행동반경이 있으며, 주변환경에 빠르게 적응한다.
  (고기 집 쥐는 고기를, 김밥 집 쥐는 김밥을 좋아함)

난 다 맛있어!^^

▶ 쥐의 피해 현장

Ⅳ. IMP 통합해충관리

2. 쥐(공생설치류)의 IPM

쥐(Rodent) 방제

▶ 쥐의 주요 흔적(조사)

• 화단의 쥐 굴

• 천정 쥐 배설물

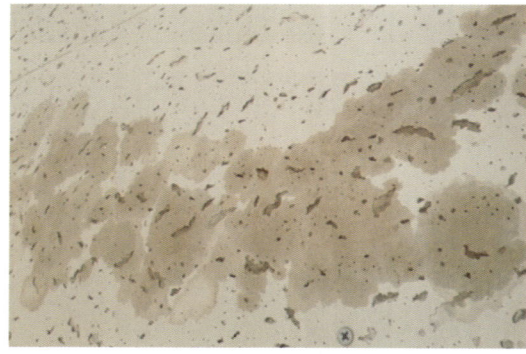

• 쥐털

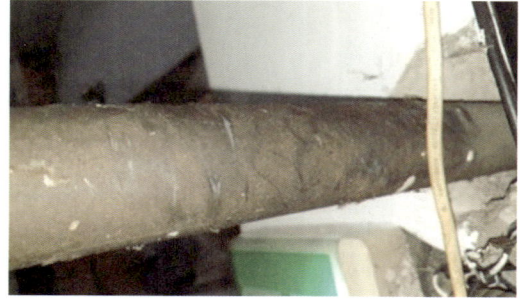

Ⅳ. IMP 통합해충관리   111

2. 쥐(공생설치류)의 IPM

쥐(Rodent) 방제

▶ 쥐의 주요 흔적(조사)

- 쥐 발자국

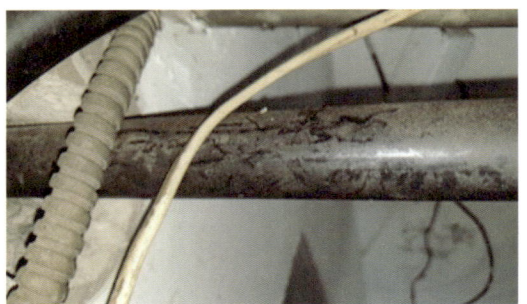

- 쥐 기름때

• 갉은 흔적

• 쥐 변 / 사체

Ⅳ. IMP 통합해충관리

2. 쥐(공생설치류)의 IPM

쥐 관리의 핵심 포인트

▶ **현장 조사**

- 주방 싱크대 안, 아래, 뒤
- 옷장의 바닥 면적, 특히 모서리
- 에어컨 배수로 주변
- 창문과 문 주변
- 가전제품 뒤
- 싱크대와 세탁기 아래의 파이프 주변
- 가스렌지 위 환풍기 파이프 주변
- 바닥 통풍구 및 건조기 통풍구 주변
- 모든 전기, 수도, 가스 및 하수도 주변
- 옥상(복도) 내부 및 외부
- 지하실이나 좁은 공간
- 지하실이나 세탁실과 같은 바닥 배수구 주변
- 바닥과 벽의 접합부 사이

첫째, 집 안팎에서 틈과 구멍을 찾는다.
둘째, 설치류가 들어오지 못하도록 틈새나 구멍을 보수한다.
셋째, 집 안의 음식과 쓰레기를 밀봉한다.
넷째, 야외 공간을 깨끗하게 유지하고 음식 공급원을 제거한다.

▶ 침입 경로 차단

- 작은 구멍은 철망(철 수세미)으로 채우고, 스프레이 폼 등으로 고정한다.
- 큰 구멍은 격자망, 금속, 시멘트, 또는 금속판 등 단단한 소재를 사용해 막는다.
- 파이프 주변은 적합한 재료를 사용해 맞춤형으로 잘라 고정한다.

▶ 위생수준 강화

- 집 주변의 쓰레기를 제거한다.
- 구멍이 없고 두꺼운 플라스틱이나 금속제 쓰레기통을 사용한다.
- 야외 조리 공간과 식기구를 깨끗하게 유지하세요.
- 물과 가축사료는 플라스틱이나 금속제 용기에 보관한다.
- 집 주변의 덤불과 잡초를 제거한다.
- 나무더미나 폐기물을 주변에 적재하지 않는다.

2. 쥐(공생설치류)의 IPM

쥐(Rodent) 방제 – 일반적 원칙

▶ **마우스 박스**

- 잠금장치가 있는 마우스 박스를 사용
- 지면에 마우스 박스를 고정
- 구서제 설치 후 박스의 열림 여부 확인
- 어린이, 애완동물의 접근 차단
- 마우스 박스의 위치를 고객에게 전달

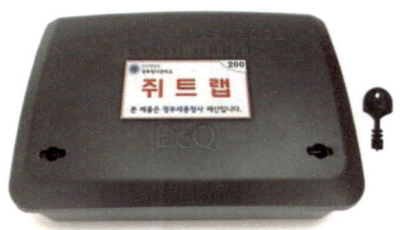

▶ **구서 작업**

- 메뉴얼에 의거한 설치 위치 선정
- 상황별 다양한 약제 사용
- 구서제의 신선도 점검
  (구서 뜻: 설치류 따위를 몰아내어 없앰)

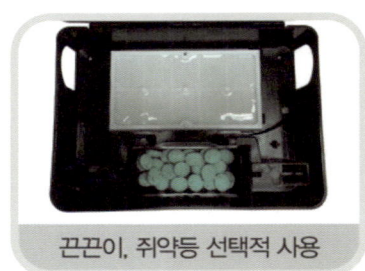

끈끈이, 쥐약등 선택적 사용

▶ **설치 도면**

- 마우스 박스 배치도 위치 표시

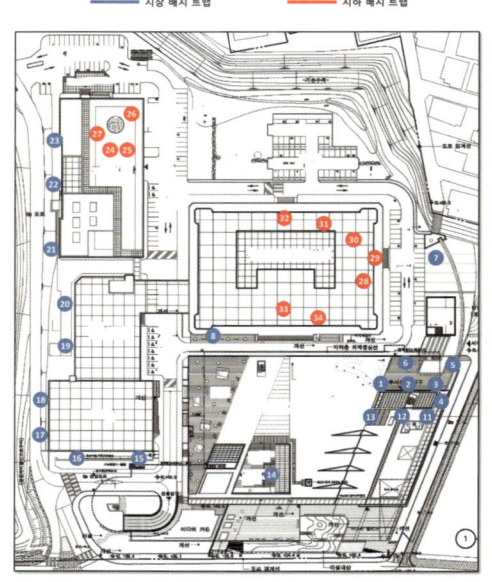

IPM 구서방제 (마우스트랩 배치도)

쥐(Rodent) 방제- 약품

▶ 먹이제 쥐약

- 먹이제 쥐약은 한국에는 항혈액응고제인 '플로쿠마펜'만 사용한다.
- 쿠마테르라릴 제제도 항혈액 응고제이다.
- 먹이제는 효과를 보려면 3~5일 정도 걸린다.

▶ 액제

- 액제는 매일 물을 필요로 하는 쥐에게 효과가 있지만, 생쥐의 경우에도 수가 상당히 많을 때는 효과가 있다.

 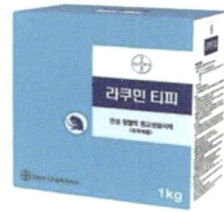 

▶ 분제(T.P.)

- 분제는 건성 분말형 쥐약으로 쥐가 숨거나 도망가는 공간 지역에 설치한다.
- 분제는 쥐의 몸에 묻어 털 고르기를 할 때 몸 속에 섭취된다.
- 쥐가 피해를 입히는 음식물에 혼합하여 설치하면 효과적이다.

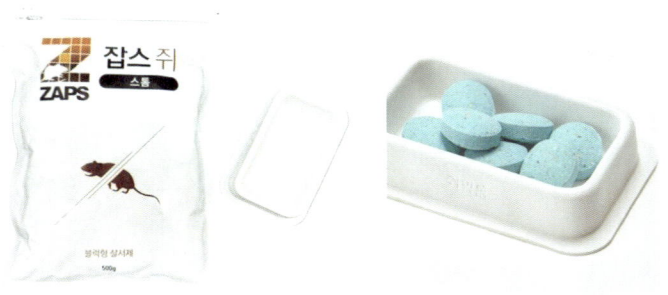

2. 쥐(공생설치류)의 IPM

쥐(Rodent) 방제- 쥐덫

▶ 마우스 박스

- 쥐가 좋아하는 먹이를 놓거나 먹이 없이 설치한다.
- 쥐덫은 쥐의 이동경로를 따라 용수철 고리가 벽 옆으로 향하도록 설치한다.
- 쥐덫의 크기가 클수록 용수철 고리가 큰 것을 사용하면 효과가 더욱 커진다.
- 2~3일 동안 쥐덫을 설치하지 않은 상태로 두어 쥐덫에 익숙해지도록 유도한다.
- 생쥐는 시궁쥐에 비해 쥐덫으로 잡기가 수월하다.

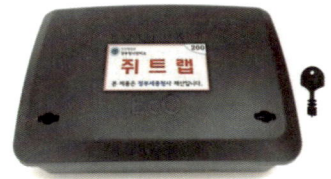

▶ 쥐덫

- 철망으로 되어 있어 외부에서 사용하기 좋다.
- 설치할 때는 벽면을 따라 설치하여야 하며 내부에 먹이를 고정시켜야 한다.

▶ 끈끈이 쥐덫

- 끈끈이 쥐덫은 플라스틱, 종이 등 다양한 소재의 제품이 있다.
- 끈끈이 쥐덫을 놓아 쥐를 잡을 때 쥐덫을 바닥에 고정하지 않으면 쥐가 덫을 끌고 가 사고가 발생할 수 있다(기계, 전기선 등).
- 기름, 수분, 먼지가 많은 곳에서는 끈끈이의 접착력이 금방 사라진다.
- 사람이나 애완동물이 끈끈이 쥐덫에 붙는 경우는 식물성 기름, 린스를 이용한다.

쥐(Rodent) 방제의 사후관리 중요성

◎ 쥐를 퇴치하기 위해서는 100% 방제를 목표로 한다.
◎ 위협을 느낄 경우 번식 주기가 단축되어 방제 이전의 개체수로 증가할 수 있다.
◎ 7일간 12트랩 포획수(IOWA Univercity)

생쥐	시궁쥐 / 지붕쥐	서식밀도 판단
0~10	1	낮음
11~25	2	중간
26~	3	높음

◎ **사후 관리**
- 정확한 방제 결과를 얻기 위해 일정 기간 점검 및 관리가 필요하다.
- 일회성 방제작업은 쥐 문제를 해결할 수 없으며, 후속 조치로 쥐 활동의 새로운 징후를 감지하고 예방 조치를 강화하기 위한 주기적인 점검 및 관리가 필요하다.

V

실무자 관리

1. 소독업 관련 법규
2. 약품 사용·관리
3. 장비 사용·관리

1. 소독업 관련 법규

방역소독 의무 관련 법규 정리

▶ 감염병의 예방 및 관리에 관한 법률

제51조(소독 의무) ① 특별자치도지사 또는 시장·군수·구청장은 감염병을 예방하기 위하여 보건복지부령으로 정하는 바에 따라 청소나 소독을 실시하거나 쥐, 위생해충 등의 구제조치(이하 "소독"이라 한다)를 하여야 한다. 〈개정 2010.1.18.〉
② 공동주택, 숙박업소 등 여러 사람이 거주하거나 이용하는 시설 중 대통령령으로 정하는 시설을 관리·운영하는 자는 보건복지부령으로 정하는 바에 따라 감염병 예방에 필요한 소독을 하여야 한다. 〈개정 2010.1.18.〉
③ 제2항에 따라 소독을 하여야 하는 시설의 관리·운영자는 제52조제1항에 따라 소독업의 신고를 한 자에게 소독하게 하여야 한다. 다만, 「공동주택관리법」 제2조제1항제15호에 따른 주택관리업자가 제52조제1항에 따른 소독장비를 갖추었을 때에는 그가 관리하는 공동주택은 직접 소독할 수 있다. 〈개정 2015.8.11.〉

▶ 감염병의 예방 및 관리에 관한 법률 시행령

제24조(소독을 하여야 하는 시설) 법 제51조제2항에 따라 감염병 예방에 필요한 소독을 하여야 하는 시설은 다음 각 호와 같다. 〈개정 2011.12.8., 2014.7.7., 2015.1.6., 2016.1.19., 2016.6.28., 2016.8.11., 2017.3.29.〉
6. 「식품위생법」 제2조제12호에 따른 집단급식소(한 번에 100명 이상에게 계속적으로 식사를 공급하는 경우만 해당한다)
8. 「공연법」에 따른 공연장(객석 수 300석 이상인 경우만 해당한다)
11. 연면적 2천제곱미터 이상의 사무실용 건축물 및 복합용도의 건축물
12. 「영유아보육법」에 따른 어린이집 및 「유아교육법」에 따른 유치원(50명 이상을 수용하는 어린이집 및 유치원만 해당한다)

▶ 감염병의 예방 및 관리에 관한 법률 시행규칙

제36조(방역기동반의 운영 및 소독의 기준 등)
④ 법 제51조제2항에 따라 소독을 하여야 하는 시설을 관리·운영하는 자는 별표 7의 소독횟수 기준에 따라 소독을 하여야 한다.

1. 소독업 관련 법규

방역소독의무 관련 법규 정리

▶ 감염병의 예방 및 관리에 관한 법률 시행규칙 [별표 7] 〈개정 2021. 5. 24.〉

소독횟수 기준(제36조제4항 관련)

소독을 해야 하는 시설의 종류	소독횟수	
	4월부터 9월까지	10월부터 3월까지
1. 「공중위생관리법」에따른 숙박업소(객실 수 20실 이상인 경우만 해당한다), 「관광진흥법」에 따른 관광숙박업소 2. 「식품위생법 시행령」 제21조제8호(마목은제외한다)에 따른 식품접객업 업소(이하 "식품접객업소"라 한다) 중 연면적 300제곱미터 이상의 업소 3. 「여객자동차 운수사업법」에따른 시내버스 · 농어촌버스 · 마을버스 · 시외버스 · 전세버스 · 장의자동차, 「항공법」에따른 항공기와 공항시설, 「해운법」에따른 여객선, 「항만법」에따른 연면적 300제곱미터 이상의 대합실, 「철도사업법」 및 「도시철도법」에 따른 여객운송 철도차량과 역사(驛舍) 및 역 시설 4. 「유통산업발전법」에따른 대형마트, 전문점, 백화점, 쇼핑센터, 복합쇼핑몰, 그 밖의 대규모 점포와 「전통시장 및 상점가 육성을 위한 특별법」에따른 전통시장 5. 「의료법」 제3조제2항제3호에 따른 병원급의료기관	1회 이상/ 1개월	1회 이상/ 2개월
6. 「식품위생법」 제2조제12호에 따른 집단급식소(한 번에 100명 이상에게 계속적으로 식사를 공급하는 경우만 해당한다) 6의2. 「식품위생법 시행령」 제21조제8호마목에 따른 위탁급식영업을 하는 식품접객업소 중 연면적 300제곱미터 이상의 업소 7. 「건축법 시행령」 별표 1 제2호라목에따른 기숙사 7의2. 「소방시설 설치 · 유지및 안전관리에 관한 법률 시행령」 별표 2 제8호가목에 따른 합숙소(50명 이상을 수용할 수 있는 경우만 해당한다) 8. 「공연법」에따른 공연장(객석 수 300석 이상인 경우만 해당한다) 9. 「초 · 중등교육법」 제2조 및 「고등교육법」 제2조에 따른 학교 10. 「학원의 설립 · 운영및 과외교습에 관한 법률」에따른 연면적 1천제곱미터이상의 학원 11. 연면적 2천제곱미터이상의 사무실용 건축물 및 복합용도의 건축물 12. 「영유아보육법」에따른 어린이집 및 「유아교육법」에따른 유치원(50명 이상을 수용하는 어린이집 및 유치원만 해당한다)	1회 이상/ 2개월	1회 이상/ 3개월
13. 「주택법」에따른 공동주택(300세대 이상인 경우만 해당한다)	1회 이상/ 3개월	1회 이상/ 6개월

▶ **과태료의 부과기준(제33조 관련)**

위반행위	근거법조문	과태료 금액	
		1회	2회
1. 법 제28조제2항에 따른 보고를 하지 않거나 거짓으로 보고한 경우	법 제83조 제1항제1호	50만원	100만원
2. 법 제51조제2항에 따른 소독을 하지 않은 경우	법 제83조 제1항제2호	50만원	100만원
3. 법 제53조에 따른 휴업·폐업또는 재개업신고를 하지 않은 경우	법 제83조 제1항제3호	25만원	50만원
4. 법 제54조제2항에 따른 소독에 관한 사항을 기록·보존하지않거나 거짓으로 기록한 경우	법 제83조 제1항제4호	15만원	30만원

〈비고〉 1. 위반행위의 횟수에 따른 과태료 부과기준은 최근 1년간 같은 위반행위로 과태료 처분을 받은 경우에 적용한다.
  이 경우 그 기준 적용일은 같은 위반행위에 대한 과태료 부과일과 재 적발일을 기준으로 한다.

  2. 시·도지사또는 시장·군수·구청장은같은 위반행위가 2회를 초과한 경우에는 2회차의과태료를 부과한다.

1. 소독업 관련 법규

부가가치세법

▶ 면세 업종

> **제[2013.01.01] 일부개정**
>
> 제12조 【면세】
> ① 다음 각 호의 재화 또는 용역의 공급에 대하여는 부가가치세를 면제한다. 〈개정 2011.12.31〉 1~4. 생략
> 5. 의료보건 용역(수의사의 용역을 포함한다)으로서 대통령령으로 정하는 것과 혈액
> 6. 이하 생략

▶ 부가가치세법시행령

> **[시행 2013.2.15] [대통령령 제24359호, 2013.2.15, 일부개정]**
>
> 제29조(의료보건용역의 범위) 법 제12조제1항제5호에 규정하는 의료보건용역은 다음 각 호에 규정하는 것(「의료법」 또는 「수의사법」에 따라 의료기관 또는 동물병원을 개설한 자가 제공하는 것을 포함한다)으로 한다. 〈개정 1981.6.9, 1988.6.9, 1994.12.31, 1995.12.30, 1998.12.31, 2000.12.29, 2001.12.31, 2002.12.30, 2003.12.30, 2006.2.9, 2007.9.6, 2007.9.27, 2007.12.28, 2008.2.22, 2008.5.26, 2009.2.4, 2010.2.18, 2010.12.29, 2010.12.30, 2011.9.29, 2012.2.2, 2012.7.20, 2012.8.31, 2013.2.15〉
> 1~9. 생략
> 10. 「감염병의 예방 및 관리에 관한 법률」 제52조에 의하여 소독업의 신고를 한 사업자가 공급하는 소독용역

▶ 감염병의 예방 및 관리에 관한 법률

> **[시행 2012.11.24] [법률 제11439호, 2012.5.23, 일부개정]**
>
> 제52조(소독업의 신고 등) ① 소독을 업으로 하려는 자(제51조제3항 단서에 따른 주택관리업자는 제외한다)는 보건복지부령으로 정하는 시설·장비 및 인력을 갖추어 특별자치도지사 또는 시장·군수·구청장에게 신고하여야 한다. 신고한 사항을 변경하려는 경우에도 또한 같다. 〈개정 2010.1.18〉

2. 약품 사용·관리

> **약제– 살충제**

▶ 살충제 사용처?

- **농약**– 농작물
- **원예용 약제**– 원예작물
- **방역용 살충제**– 위생해충 방제

▶ 살충제의 종류

- **식독제:** 해충의 입을 통해 소화기관에 들어가 살충작용을 하는 약제
- **접촉제:** 곤충의 표피에 접촉하여 신경계를 마비시켜 식독으로 살충작용을 하는 약제

▶ 화학구조에 따른 분류

- **무기살충제:** 유황, 붕소, 비고, 불소
- **유기살충제:** 유기염소계, 유기인계, 카바메이트계, 피레스로이드계
- **유기염소계:** 인체 독성이 비교적 낮으나, 환경오염, 생물체 내 축적 사유로 1970년부터 사용 금지(DDT, 알더리, 헤파타클로)
- **유 기 인 계:** 신경계 혼돈 유발, 잔류성 있음(클로르피리포스, 페니트로치온, 아마메치포스, 펜치온, 디클로르보스, 다이아지논)
- **카바메이트계:** 유기인계화 동일 효과로 신경계 기능 마비(벤디오 카브)
- **피레스로이드계:** 인축에 저독성으로 중추신경절을 타격(싸이퍼메스린, 퍼머스린, 델타메스린)

2. 약품 사용·관리

약제- 살충제

▶ **살충제의 제제**
- **유제:** 살충제 원제에 유화제 첨가- 우윳빛
- **분제:** 살충제 원제에 미세한 분말을 침투시킨 제제
- **입제:** 살충제 원제에 점결제를 섞어 만든 고형 제제
- **캡슐현탁제:** 살충제에 피막을 씌운 제제- 잔효기간 연장 및 기피성 감소

▶ **살충제의 적용방법**
- **에어로졸:** 내압금속용기- 흥분하여 튀어나오는 효과로 모니터링 용도
- **가열연무:** 빠른 시간에 넓은 면적 살포 가능
- **극미량연무:** 50마이크로 액적을 구석진 곳까지 살포 가능
- **잔류분무:** 100~400마이크로 액적을 해충에 살포- 잔효성 살충제 사용
- **독먹이법:** 곤충의 기호 먹이에 살충제 원제 혼합- 바퀴, 파리, 개미, 벌 대상

▶ **살충제 라벨**

- 적합한 이유
- 약제 라벨(지침)
- 필요량
- 약제 노출 제안(아동 / 동물 / 씽크대)
- 청소(잔량 철)

★ 약사법-제65조제9호 의거
1. 주성분의 명칭
2. 효능·효과
3. 용법·용량
4. 사용상의 주의사항
5. 동물에서 유래된 성분
6. 제조자 또는 제조의뢰자
7. 수입자, 생산국 – 제조자

약제의 모든 것

▶ **화학제품과 회사에 관한 정보**
제품명 / 제품의 권고용도 및 사용상 제한 / 제조자, 수입자, 유통업자

▶ **유해·위험성**
유행성 및 위험성 분류 / 예방조치 문구를 포함한 경고 표시 항목 / 유해, 위험성 분류기준

▶ **구성 성분의 명칭 및 함유량**
물질명 / 이명 / CAS번호 / 함유량(%)

▶ **응급상황 대처 요령**
눈에 들어갔을 때 / 피부 접촉 / 흡입 / 먹었을 때 / 기타 의사의 주의사항

▶ **폭발·화재 시 대처방법**
적절한 소화제 / 화학물질로 생기는 특정 유해성 / 화재진압 시 착용 보호장비 및 예방조치

▶ **누출 사고시 대처방법**
인체를 보호하기 위한 보호구 / 환경을 보호하기 위한 조치사항 / 정화 또는 제거 방법

▶ **취급 및 저장 방법**
안전 취급요령 / 안전한 저장 방법

▶ **누출 방지 및 개인 보호구**
화학물질 및 생물학적 노출기준 / 적절한 공학적 관리 / 개인보호구

2. 약품 사용·관리

> **약제의 모든 것**

▶ **물리, 화학적 특성**
외관 / 냄새 / PH / 녹는점 어는점 / 끓는점 및 범위 / 인화점 / 증발속도 / 인화성 / 폭발성 및 범위/증기압 등

▶ **안정성 및 반응성**
화학적 안전성 및 유해반응 가능성 / 피해야 할 조건 / 피해야 할 물질 / 분해 시 생성되는 물질

▶ **독성에 관한 정보**
가능성 높은 노출경로 정보 / 건강유해정보(급성독성, 피부, 눈, 손, 호흡기, 발암성, 생식독성 등)

▶ **환경에 미치는 영향**
생태독성 / 잔류성 및 분해성 / 생물 농축성 / 토양 이동성 / 기타 유해영향

▶ **폐기시 주의사항**
폐기방법 / 폐기시 주의사항

▶ **운송에 필요한 정보**
유엔번호 / 적정 선적명 / 운송의 위험성 등급 / 용기등급 / 해양오염물질 / 특별한 안전대책

▶ **법적 규제 현황**
산업안전보건법 / 유해화학물질관리법 / 위험물안전관리법 / 폐기물관리법 / 기타 국내외 규제

▶ **기타 참고사항**
자료 출처 / 최초 작성일 / 개정 횟수 및 개정일자 / 기타

살충제 오염 시 응급대처 방안

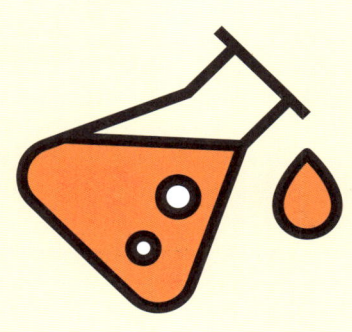

약물을 엎질렀을 경우

- **1단계**: 관계자 외 차단
- **2단계**: 개인보호구 착용
- **3단계**: 용기에 되돌려 담기
- **4단계**: 흡수포로 약품 제거
- **5단계**: 처리물 폐기

개인 노출의 경우

- **1단계**: 오염된 옷가지 벗기기
- **2단계**: 피부_비누로 세척
- **3단계**: 눈_흐르는 물
- **4단계**: 의사 소견(라벨, MSDS)

2. 약품 사용·관리

약제- 살서제

▶ 살서제는?

- 생쥐, 시궁쥐 등 설치류를 구제하는 약제의 총칭

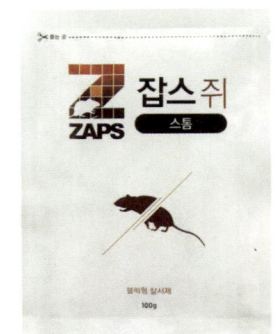

▶ 살서제의 종류

- 속효성: 먹으면 단시간 내 죽는 약제(대부분이 중추신경계 마비와 호흡기관 파괴)
- 지효성: 항혈액응고제로 혈액의 점도를 낮춰 내부 출혈을 일으켜 죽게 함
- 훈증제: 독가스

▶ 형태에 따른 분류

- 액제: 베타후라톨(농약)
- 과립: 시중판매 식독제

▶ 위험물질 식별법

- 취급하는 모든 약제의 물질안전보건자료(MSDS) 내용 숙지 및 상비
- 취급하는 모든 약제의 라벨 내용 숙지, 이해
- 회사가 수립한 일반적인 안전수칙 및 업무절차를 준수

3. 장비 사용·관리

> ### 포충등 설계 원칙

◎ 포충등 간의 거리는 25m를 넘지 말아야 함
◎ 가급적이면 room(룸)당 1대씩 설계함
◎ 외부에서 불빛이 보이지 않도록 함
◎ 설치되어 있는 전원을 사용할 수 있는 위치
◎ 주요건물(제품 등)의 상단부에는 설계 불가함

▶ 설치 거리별 곤충의 반응

- 30m 이상에서는 반응 않음
- 9m에서는 50% 정도 반응
- 6~7m에서는 50% 이상이 반응
- 3.6m 내에서는 민감하게 반응

▶ 경과 시간별 포획율 / 집파리 100마리 실내 방사

- 5분: 20~30% 포획
- 15분: 50~60% 포획
- 7시간: 92% 포획
- 24시간: 98% 포획

▶ 설치 높이별 포획 수준

- 1.5m 이상: 포획율 낮은 수준
- 1.5m 높이: 포획율 높은 수준
- 1.5m 이하: 포획율 보통 수준

3. 장비 사용·관리

장비 사용·관리

베이트건

적용방법
- 이동경로에 투약
- 은신 및 서식 가능 장소 투약
- 대상해충 개미, 바퀴, 기타

주의사항
- 다른 살충제 오염 금지
- 오래된 먹이제 제거 요망
- 오래된 약제 위에 설치 금지
- 변질된 약제 사용 금지

압축분부기

적용방법
- 국소 지역 적용(살충, 살균)
- 서식 및 행동 가능 장소 분무
  (틈새, 찌꺼기 장소, 음습)
- 넓게 분사하여 잔류 효과

주의사항
- 식품 오염 금지
- 어항 및 화분 오염 금지
- 가구, 카페트, 대리석 오염 금지
- 사람에 직접 살포 금지
- 희석 비율 준수(라벨)

표면소독 살균 장비

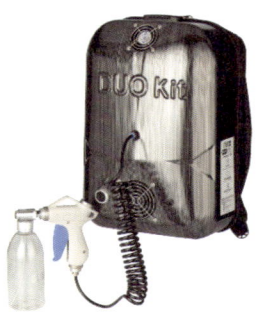

적용방법
- 표면 소독(살균)
- 하이 터치 구간 소독
- 감염경로 차단

주의사항
- 식품 오염 금지
- 어항, 화분, 가구 오염 금지
- 방울이 맺히지 않도록 살포
- 사람에 직접 살포 금지
- 희석비율 준수(라벨)

연막기

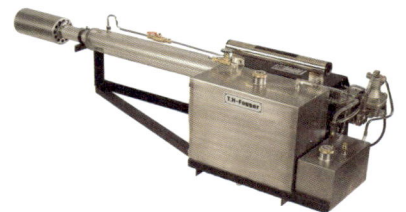

적용방법
- 넓은 공간 또는 하수구에 적용
- 모기 은신처, 파리 은신처 적용
- 사용제한(환경, 효과면)

주의사항
- 차량 및 사람에 오염 금지
- 해뜨기 전과 해 진 후 사용
- 연막기의 정상 가동 확인
- 화재발생 대비
- 희석비율 준수(라벨)

3. 장비 사용·관리

> 장비 사용·관리

화이트펜스

적용방법
- 해충 유입 기피용
- 적은 수의 해충 살충용

주의사항
- 사람을 향해 살포 금지
- 화기에 사용 금지
- 사용 후 개방하여 환기
- 어항 살포 금지

스프레이 살충제

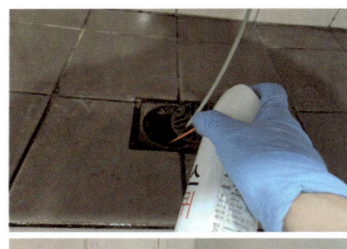
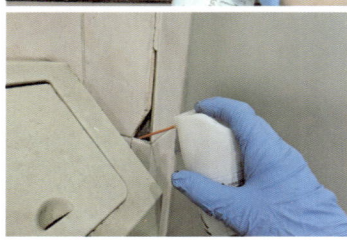

적용방법
- 해충 서식처 조사
- 해충 서식 여부 조사

주의사항
- 사람을 향해 살포 금지
- 화기에 사용 금지
- 사용 후 개방하여 환기
- 어항 살포 금지

개인보호장비

▶ 살충제를 취급하는 경우에는 항상 올바른 개인보호 장비를 착용해야 한다.

보호용 장갑

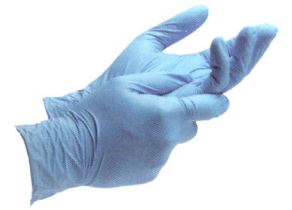

보호용 장갑은 항상 청결, 새는 곳이 없는지, 고무제품 확인한다.

고글

항상 고글, 안면 보호장비, 화학용 보안경 등을 착용해야 한다.

방독면

밀폐된 공간에서의 유출 제거 작업, 다량의 유출 제거 작업을 할 경우는 방독면을 착용한다.

- 차량 내에 밀봉이 되는 비닐봉투에 넣어 깨끗하면서도 꺼내 쓰기 쉽게 보관한다.
- 방독면은 정기적으로 정화 필터도 교체해 주어야 한다.

3. 장비 사용·관리

장비 사용·관리

개인보호장비

운반 및 보관
- 시건 장치 설치
- 음료와 혼재 금지
- 개인 보호장비 혼재 금지
- 먹이약제 격리 보관

취 급
- 장비를 씽크, 욕조 금지
- 살충제 원액 실내 반입 금지
- 수도꼭지 물 역류 금지

작업
- 강풍 시 고압분사 금지
- 우물, 저수조 약제살포 금지
- 어항 근처 약제살포 금지
- 실내 작업시 애완동물 이동
- 구서제 사용 시 주의푯말 설치
- 밀폐장소 작업 시 에어컨 비가동

사후처리
- 약제용기 3회 세척 배출
- 잉여약제 하수구 배출금지
- 약제유출 시 유출범위 제한

장비의 안전한 사용

- 장비는 방제작업에만 사용하여야 한다.
- 장비는 사용자의 보건/안전에 위험이 없도록 올바르게 정비되어 있어야 한다.
- 장비별로 사용방법, 유의사항, 정비방법 등을 익혀야 한다.
- 본인의 장비는 본인이 관리하며 공동장비는 사용 후 원상태로 정비해야 한다.
- 장비에 첨부된 사용설명서를 숙지하여야 한다.
- 장비는 현장의 상황에 따라 알맞게 선택하여 사용하여야 한다.

VI

물질안전보건자료 (MSDS) 이해와 예시

1. MSDS의 이해
2. MSDS의 예시

1. MSDS의 이해

> **MSDS(Material Safety Data Sheet) 이해**

▶ 물질안전보건자료(MSDS)의 개념

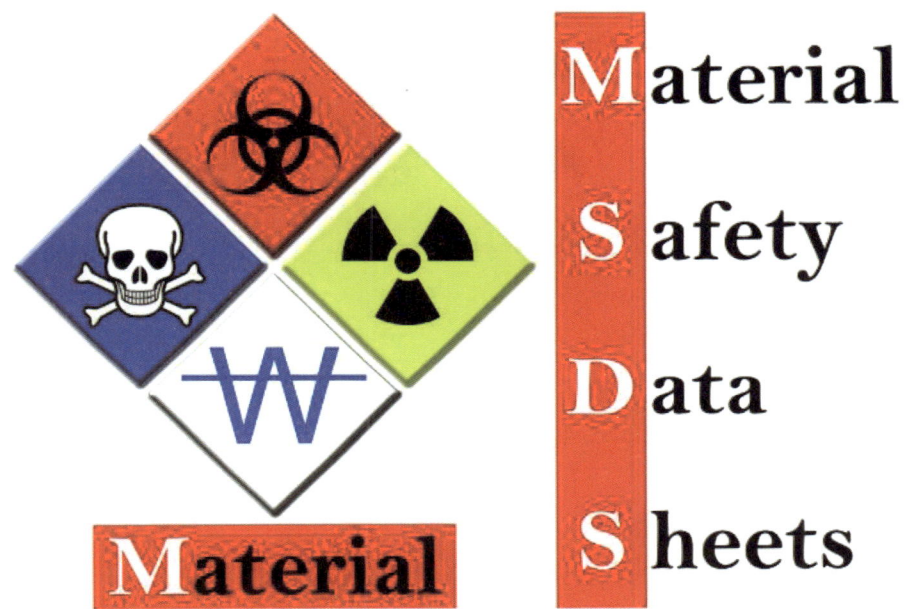

출처: https://goldenbrown.com.au
MSDS Sheet

Material 뜻: 메테리얼 재료

Safety 뜻: 쉐이프티 안전

Data 뜻: 데이터 (관찰이나 실험, 조사로 얻은 사실이나 정보)

Sheets뜻: 시트(보통 표준 크기의 종이 단위 혹은 척도)

1. MSDS의 이해

MSDS(Material Safety Data Sheet) 이해

▶ 물질안전보건자료(MSDS)의 개념

◎ **물질안전보건자료(MSDS)**

화학약품은 유해·위험등급에 따라 표 1로 분류되며 화학물질 제조, 보관, 저장, 운반 또는 사용 시 안전보건상의 조치 및 절차를 준수해야 한다.

화학약품을 사용자는 화학약품을 구매하기 전 제조자가 제공하는 물질안전보건자료(Material Safety Data Sheets)를 확인하여 물질안전보건자료에서 요구하는 취급시설을 설치한 후 화학약품을 구입해야 한다.

연구실에서 취급하는 화학약품은 제조자가 제공한 물질안전보건자료를 반드시 숙지해야 하며, 화학약품을 사용하는 장소에 물질안전보건자료를 비치해야 한다.

연구책임자는 화학약품을 사용하는 연구활동 종사자를 대상으로 연구활동 시작 전에 물질안전보건자료 등을 이용하여 유해성, 개인보호구, 사용시 주의사항 등에 대한 안전교육을 시행해야 한다.

▶ 화학물질 분류기준(GHS)

화학물질이란?

원소·화합물 및 그에 인위적인 반응을 일으켜 얻어진 물질과 자연 상태에서 존재하는 물질을 화학적으로 변형시키거나 추출 또는 정제한 것을 말한다.

위험물 이란?

인화성 또는 발화성 등의 성질을 가진 화학약품을 말한다.

출처: KAIST 연구실 화학약품안전 매뉴얼 p.8

A. 물리적 위험성에 의한 분류

화학물질의 분류	그림문자, 신호어
1. 폭발성 물질	위험 / 경고
2. 인화성 가스 3. 인화성 액체 4. 인화성 고체 5. 인화성 에어로졸	위험 / 경고
6. 물반응성 물질 14. 자기발열성 물질	위험 / 경고
7. 산화성 가스 8. 산화성 액체 9. 산화성 고체	위험 / 경고
10. 고압가스	경고
11. 자기반응성 물질 및 혼합물 15. 유기과산화물	A / B / C~F 위험 / 경고
12. 자연발화성 액체 13. 자연발화성 고체	위험
16. 금속부식성 물질	경고

1. MSDS의 이해

MSDS(Material Safety Data Sheet) 이해

▶ 물질안전보건자료(MSDS) 법규

고용노동부 고시 제2023-9호(기존 제2020-130호 2020.11.12) 화학물질의 분류·표시 및 물질안전보건자료에 관한 기준개정 2023. 2. 15(고용노동부고시 제2023-9호)

제1장 총칙
제2조(정의)
① "5. "용기"란 고체, 액체 또는 기체의 화학물질 또는 혼합물을 직접 담은 합성강제, 플라스틱, 저장탱크, 유리, 비닐포대, 종이포대 등을 말한다.
6. "포장"이란 제5호에 따른 용기를 싸거나 꾸리는 것을 말한다.
7. "반제품용기"란 같은 사업장 내에서 상시적이지 않은 경우로서 공정간 이동을 위하여 화학물질 또는 혼합물을 담은 용기를 말한다.

제3장 경고표지의 부착 및 작성 등

제5조(경고표지의 부착)
"④ 용기 및 포장에 경고표지를 부착하거나 경고표지의 내용을 인쇄하는 방법으로 표시하는 것이 곤란한 경우에는 경고표지를 인쇄한 꼬리표를 달 수 있다."
"⑤ 물질안전보건자료대상물질을 사용·운반 또는 저장하고자 하는 사업주는 경고표지의 유무를 확인하여야 하며, 경고표지가 없는 경우에는 경고표지를 부착하여야 한다. (소분용기에 덜어서 쓰는 경우 특히 주의 – 경고표지 부착)

제6조(경고표지의 작성방법)
"② 물질안전보건자료대상물질의 내용량이 100그램(g) 이하 또는 100밀리리터(㎖) 이하인 경우에는 경고표지에 명칭, 그림문자, 신호어 및 공급자 정보만을 표시할 수 있다."

"③ 물질안전보건자료대상물질을 해당 사업장에서 자체적으로 사용하기 위하여 담은 반제품용기에 경고표시를 할 경우에는 유해·위험의 정도에 따른 "위험" 또는 "경고"의 문구만을 표시할 수 있다. 다만, 이 경우 보관·저장장소의 작업자가 쉽게 볼 수 있는 위치에 경고표지를 부착하거나 물질안전보건자료를 게시하여야 한다."

▶ 물질안전보건자료(MSDS)에 대한 기준

<별표 3>

경고표지의 양식 및 규격(제7조 관련)

1. 양식

```
                         (명 칭)
    (그림문자 예시)      (신 호 어)

         [🔥]            유해·위험 문구 :

                         예방조치 문구 :

    공급자 정보 :
```

2. 규격

가. 용기 또는 포장의 용량별 인쇄 또는 표찰의 크기

용기 또는 포장의 용량	인쇄 또는 표찰의 규격
용량≥500ℓ	450cm² 이상
200ℓ≤용량<500ℓ	300cm² 이상
50ℓ≤용량<200ℓ	180cm² 이상
5ℓ≤용량<50ℓ	90cm² 이상
용량<5ℓ	용기 또는 포장의 상하면적을 제외한 전체 표면적의 5%이상

나. 그림문자의 크기

1) 개별 그림문자의 크기는 인쇄 또는 표찰 규격의 40분의 1 이상이어야 한다.

2) 그림문자의 크기는 최소한 0.5cm² 이상이어야 한다.

1. MSDS의 이해

MSDS(Material Safety Data Sheet) 이해

▶ 물질안전보건자료(MSDS)의 양식 예시

---

pharmcle.CO.LTD.
TEL : (031)494-7303,   FAX : 493-9303
425-100   #106 Sandan 67road Mongnae-dong,
Danwon-gu, Ansan-si, Gyeonggi-do, Korea

분류번호	물질안전보건자료 (M S D S)	페이지 1 / 9

1. 화학제품과 회사에 관한 정보

가. 제품명	밀라이온버콘마이크로(옥손)
나. 제품의 용도	기타 방역소독 제제 / 단단한 물체 표면의 살균 및 소독
다. 제조회사	주식회사 팜클 주 소: 안산시 단원구 목내동 산단로 67 번길 106 전 화 번 호: 031) 494 - 7303
라. 제품문의	1644-1191

2. 유해 · 위험성

가. 유해 · 위험성 분류	피부 부식성/피부 자극성: 구분 2 심한 눈 손상성/눈 자극성: 구분 1 수생환경 유해성(만성) : 구분 3
나. 예방조치문구를 포함한 경고 표지 항목	
○ 그림문자	
○ 신호어	위험
○ 유해· 위험문구	H315 피부에 자극을 일으킴 H318 눈에 심한 손상을 일으킴 H412 장기적인 영향에 의해 수생생물에게 유해함
○ 예방조치문구	
예방	P264 취급 후에는 취급 부위를 철저히 씻으시오. P273 환경으로 배출하지 마시오. P280 (보호장갑·보안경·안면보호구)를(을) 착용하시오.
대응	P302 + P352 피부에 묻으면 다량의 비누와 물로 씻으시오. P305 + P351 + P338 + P310 눈에 묻으면 몇 분간 물로 조심해서 씻으시오. 가능하면 콘택트렌즈를 제거하시오. 계속 씻으시오. 즉시 의료기관(의사)의 진찰을 받으시오. P321 라벨의 추가 응급 치료 지시를 참고하여 처치를 하시오. P332 + P313 피부 자극이 생기면 의학적인 조치·조언을 구하시오. P362 + P364 오염된 의복은 벗고 다시 사용 전 세척하시오.
저장	해당없음.

pharmcle (주)팜클

2. MSDS의 예시

> MSDS(Material Safety Data Sheet) 예시

▶ 물질안전보건자료(MSDS) 의 예시

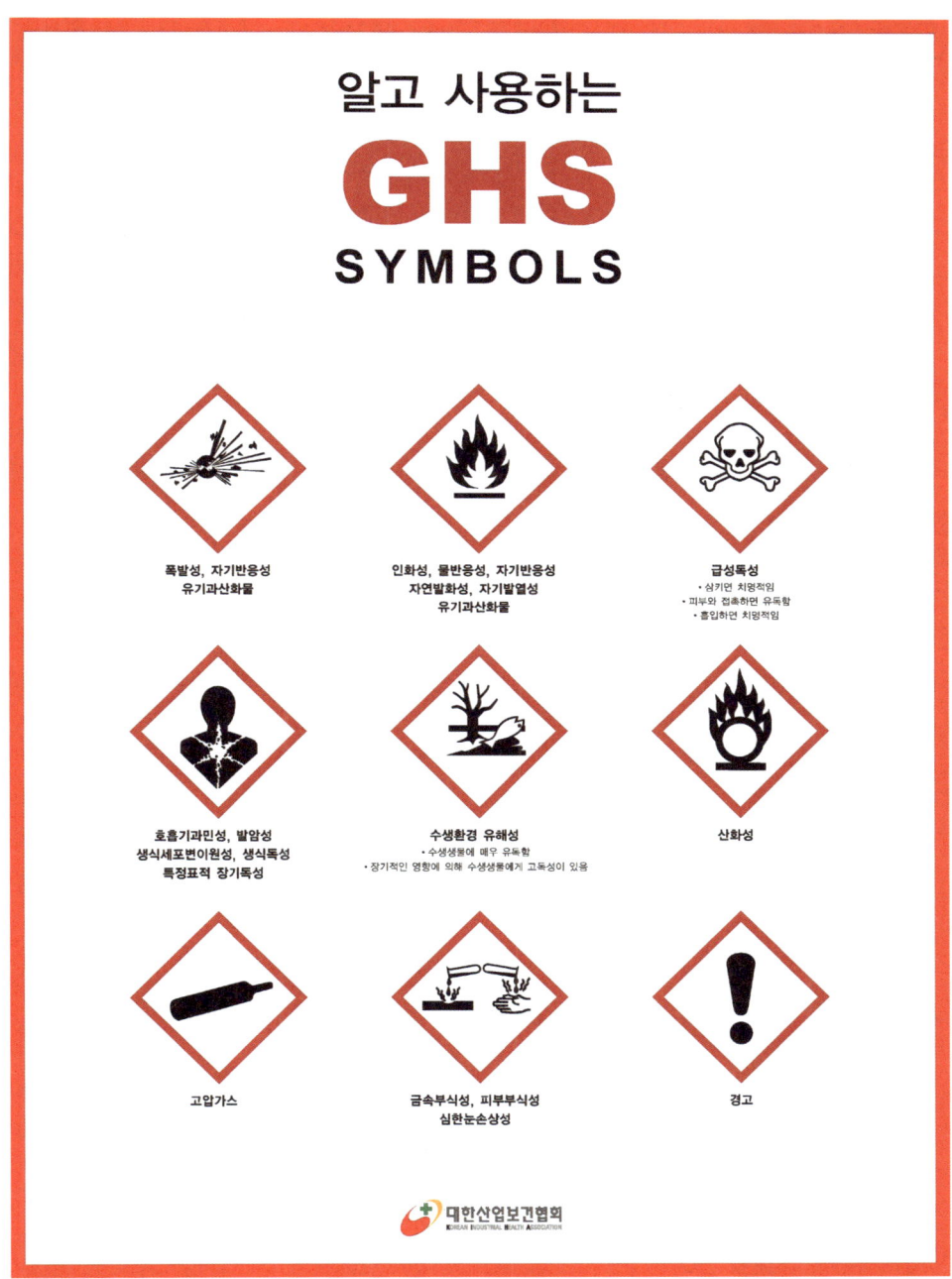

2. MSDS의 예시

MSDS(Material Safety Data Sheet) 예시

폭발

폭발성 물질

- TNT, 다이너마이트 같은 폭발물에서 탄약, 불꽃놀이와 같은 제품도 포함된다.
- 위험하므로 자격이 없는 사람은 취급하지 않는 것이 바람직하다.

Explosive substances

Explosive articles
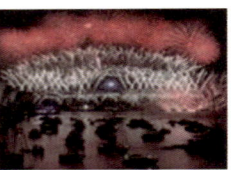
Pyrotechnic substances

자기반응성 물질, 유기과산화물

열(온도)과 마찰 등에 민감하여 폭발적으로 반응할 수 있으니 주의해야 한다.

반응성이 커 다른 물질과 격렬하게 반응할 수 있다. 그러므로 다른 물질을 담았던 용기에 담으면 안 된다.

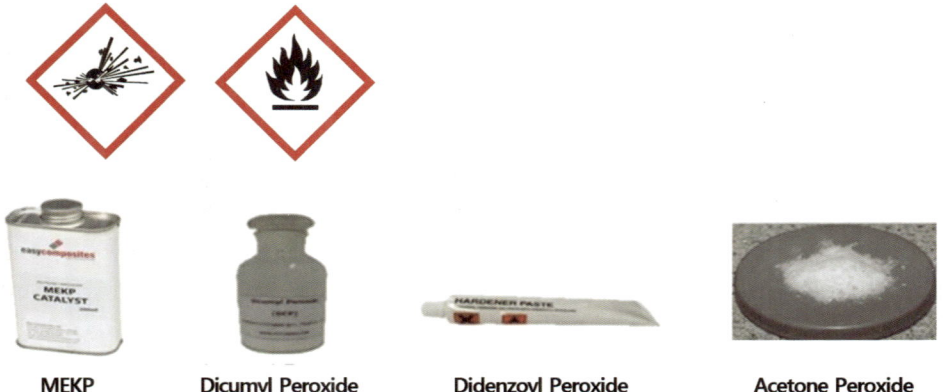

MEKP   Dicumyl Peroxide   Didenzoyl Peroxide   Acetone Peroxide

화재(가연성)

인화성 가스, 액체, 고체, 에어로졸

- 점화원(열, 불, 스파크 등)이 있으면 화재가 날 수 있다.
- 연화성 가스나 액체에서 발생한 증기가 밀폐된 공간(예. 도장 부스)에 체적되면 폭발적으로 화재가 발생하여 위험할 수 있으니, 용기나 설비를 접지하거나 방폭 설비를 설치하여 점화 가능성을 없애는 것이 바람직하다.
- 해당 위험성이 있는 화학물질의 취급, 저장 장소 가까이에서는 담배를 피워서는 안 된다.
- 인화성 가스 예시: 프로판, 아세틸렌, LPG, 부탄 등 인화성 액체
  (예시: 에탄올, 알코올, 매니큐어, 아세톤, 페인트, 등유, 휘발유 등)

Sulphur   Magnesium   Naphthalene   Matches, Safety

2. MSDS의 예시

MSDS(Material Safety Data Sheet) 예시

화재(가연성)

자연 발화성 액체, 고체
- 점화원이 없이도 공기와 접촉하여 자연적으로 발화할 수 있다.
- MSDS 제9항에 낮은 자연발화점이 기재되어 있다.
- 저장 시 자연발화점을 유념하여 저장하지 않으면 아무도 모르는 사이에 불이 날 수 있다.
- 공기에 접촉하지 않기 위해 내용물을 적절한 액체 또는 불활성 가스로 충전하여 보관하거나 밀봉하여 보관(부틸 리튬)하는 경우도 있을 수 있다.
- 불순물이 섞이는 경우 자연적으로 발화할 수 있으므로 주의해야 한다.

자기발열성 물질
- 공기 중에서 열을 축적하여 스스로 열을 발생하는 물질이다.
- 열 축적은 세제곱에 비례하고, 열 방출은 제곱에 비례하므로 부피가 커지면 열 축적이 가속화되어 발열할 수 있으므로 저온을 유지하고 저장 시 적하물 사이의 간격을 유지해야 한다.

물반응성 물질
- 물과 접촉하여 자연적으로 발화되거나 인화성 가스를 발생하는 물질이다.
- 물과 접촉하지 않도록 불활성 기체하에서 취급·저장하거나 습기에 주의하여 건조한 상태를 유지하여야 한다.
- 화재 시 소화제로 물을 쓰는 것은 위험할 수 있다

화재(가연성)

산화성 가스, 액체, 고체
- 연소를 촉진하므로 불이 났을 때 화재를 더욱 격렬하게 할 수 있다. 그러므로 가연성 물질과 따로 보관하여 한다.
- 산화성 물질은 부식성을 보일 수 있으므로 취급 시 보호구를 착용하여야 한다.

인화성 표시와 차이가 있습니다

고압가스
- 가압(실린더, 봄베 등의 용기)되어 충진되어 있는 가스이다.
- 열에 노출되면 용기가 폭발하여 날아가 위험할 수 있다.
- 냉동액화가스(예. 액화질소) 같은 경우 내용물이 극저온이므로 주의해야 한다.

금속부식성 물질
- 금속을 부식시켜 손상을 주는 물질이다.
- 본래의 용기 외 다른 용기에 담게 되면 부식시켜 누출 등의 위험이 있다.

2. MSDS의 예시

MSDS(Material Safety Data Sheet) 예시

건강 유해성

급성 독성

- 짧은 시간에 입(경구), 피부(경피), 호흡기(흡입)를 통하여 노출되어 죽음에 이르게 할 수 있는 물질이다. 해골 그림 문자가 표시된 화학물질을 취급하는 경우 특히 주의하여야 한다.
- 11항. 독성에 관한 정보에 보통 LD50(경구, 경피), LC50(흡입)의 표현과 함께 수치로 제시되어 있으며, 값이 작을수록 유해함을 뜻한다. 이러한 표시가 있는 물질 중에는 전쟁 중에 사람을 죽이기 위한 용도로 쓰인 물질도 있다.
- 취급 후 취급 부위를 철저히 씻어야 하며, 눈, 피부, 의복에 묻지 않도록 해야 한다.
- 일반적으로 화학물질을 먹는 경우는 없지만, 해당 물질을 취급하며 음식물을 먹거나 흡연하는 행동은 손에 묻은 화학물질이 입에 들어가게 할 수 있으므로 절대 금해야 한다.
- 취급 시 보호구를 착용해서 노출되지 않도록 해야 한다.

피부 부식성 또는 자극성 / 심한 눈 손상 또는 자극성

- 부식성은 눈과 피부에 비가역적인 변화(괴사, 조직 손상)를 주는 물질이다.
- 자극성은 회복 가능(가역적)한 손상을 말한다.
- 눈 부식에 관한 별도의 자료가 없는 경우, 피부 자극성은 심한 눈 손상을 가진다고 볼 수 있다.

건강 유해성

호흡기 과민성 / 피부 과민성

- 과민성은 감작성, 알레르기 반응이라고도 하며, 과민성 물질에 노출되면 호흡기와 피부의 면역 체계에 영향을 주어 과민하게 반응(알레르기)하게 될 수 있다.
- 일단 한 번 과민반응이 일어나면 낮은 농도에 노출되어도 반응이 일어나게 된다.
- 호흡기 과민반응으로 천식이 있으며, 피부가 과민반응을 일으키면 두드러기, 발적, 반점, 부종이 나타나게 된다.

발암성, 생식세포 변이원성, 생식독성

- 많은 경우에 CMR*로 세가지 유해성이 함께 언급되기도 한다.
- 발암성은 암을 유발하는 것이며, 생식세포 변이원성은 자손에게 유전될 수 있는 사람의 생식 세포에 영향을 주는 것, 생식독성은 정자와 난자에의 영향 등 생식기능에의 영향 및 태아 기형 등 태아의 발생·발육에 유해한 영향을 주는 것을 말한다.

* CMR: C(Carcinogenicity, 발암성), M(Mutagenicity, 변이원성), R(Reproductive toxicity, 생식독성

특정 표적장기 독성(1회 및 반복 노출)

- 1회 또는 반복 노출에 따라 화학물질이 간, 신장, 신경계 등 특정 장기에 유해한 영향을 줄 수 있다.
- 노말헥산으로 전자제품을 세척하던 외국인 근로자들이 신경계에 영향을 받아 보행 장해(앉은뱅이병) 및 상지의 무력감과 감각 장해가 발생한 사례가 있다.

MSDS(Material Safety Data Sheet) 예시

건강 유해성

흡인 유해성

- 액체나 고체 물질이 코와 입을 통하여 직접적으로 또는 구토와 같이 간접적으로 기도를 통해 호흡기계로 들어가 화학적 폐렴, 폐 손상을 줄 수 있다.

수생 환경 유해성

- 급성 또는 만성적으로 어류, 갑각류(새우 등), 조류(수생 식물) 등에 유해한 영향을 주는 것을 말하며, 먹이 사슬에 따라 간접적으로 사람에게 영향을 줄 수 있다.
- 보통 LC50, EC50, ErC50의 표현과 함께 수치로 제시되어 있으며, 값이 작을수록 수생생물에 유해함을 뜻한다.

통합해충관리

펴 낸 날 2025년 10월 10일

지 은 이 하효선
펴 낸 이 이기성
기획편집 서해주, 최인용, 권희연
표지디자인 서해주
책임마케팅 이수영, 김정훈
펴 낸 곳 도서출판 생각나눔
출판등록 제 2018-000288호
주   소 경기도 고양시 덕양구 청초로 66, 덕은리버워크 B동 1708호, 1709호
전   화 02-325-5100
팩   스 02-325-5101
홈페이지 www.생각나눔.kr
이 메 일 bookmain@think-book.com

- 책값은 표지 뒷면에 표기되어 있습니다.
  ISBN 979-11-7048-920-7(93500)

Copyright ⓒ 2025 by 하효선 All rights reserved.

· 이 책은 저작권법에 따라 보호받는 저작물이므로 무단전재와 복제를 금지합니다.
· 잘못된 책은 구입하신 곳에서 바꾸어 드립니다.